U0173501

煲一碗好汤

滋补全家

生活新实用编辑部 编著

江苏凤凰科学技术出版社

餐餐喝碗汤 温暖又满足

备注：
全书1大匙（固体）≈15克
1小匙（固体）≈5克
1杯（固体）≈227克
1大匙（液体）≈15毫升
1小匙（液体）≈5毫升
1杯（液体）≈240毫升

暖心暖胃，幸福滋味

老话儿说得好："唱戏的腔，厨子的汤。"考验厨艺从来不在于珍馐大菜，只要洗洗切切、煲熬炖煮，一碗热气腾腾的鲜汤上桌，水平高低便自见分晓。汤不仅是在厨艺场上斗智斗勇的利剑，亦是餐桌上风云争斗的一方霸主，更是食客五脏庙里常烧常旺的一把香火。食有百味，汤有千种，各色口感功效，应有尽有，纵是再挑剔的胃口，也绝对有钟情的二三。

汤羹和吃客的胃口息息相关，一碗美味汤品对了胃口便是得了人心。不论是以小火煲、煨，还是用大锅炖煮，虽然五花八门，但其鲜香美味却是殊途同归。人生在世，吃喝皆有定额，从口到胃，从身到心，吃得欢欢喜喜就是正途。

本书搜集了340道各式汤品的美味配方，包括强调清爽鲜美的清汤、拥有浓郁风味的浓汤、特殊勾芡口感的羹汤、各有特色的火锅与面汤底、甜而不腻的甜汤，分步讲解，用料搭配精确到克，即便是新手也能轻松上手，就让我们一起觅一季鲜蔬，煲四季美味吧！

目录 CONTENTS

香浓味醇 浓汤&羹汤篇

甜而不腻 甜汤篇

煲汤好材料

熬一锅好汤，需选用新鲜美味的好食材，这样熬煮出来的高汤才会鲜甜，让人唇齿留香。现在就来教您挑选最速配的食材，让您轻松熬煮出一碗碗出色的好高汤。

鸡骨

鸡骨常用来熬煮高汤、浓汤、清汤，高汤能与大多数材料的味道相配，所以很多风味口感不同的高汤都可以用鸡骨来熬。购买鸡骨时应该挑选生长期长的老鸡、土鸡最好，如果使用市面上常见的肉鸡，会让高汤混浊。而鸡脖子骨髓丰富，熬出的鸡高汤味道更佳。

猪大骨

猪大骨含有钙、磷、铁等元素，蛋白质含量也高于猪肉，脊髓骨更含有高养分，其营养丰富、口感浑厚的特色让它成为熬汤时的好选择。猪大骨一样以生长期长的猪为佳，现宰的比冷冻的好，新鲜度是购买的重要挑选标准。以猪大骨熬煮高汤时，可以加入适量鸡肉以增加香味。

火腿

火腿含有蛋白质、铁、钾、磷、盐与十多种氨基酸，经过腌制发酵分解，各种营养更容易被人体吸收。特别是火腿的特殊香味，可以增加高汤的香醇度，所以常用于各种高汤的制作。但是因为其口味浓厚独特，所以不适合用在以牛肉为主要材料的料理中。

虾米

虾米的营养成分很高，含蛋白质、脂肪、糖分等成分，虾皮则含有钙、磷，是熬煮高汤时常用的配料，也可以单独用来熬汤。用虾米熬煮的高汤会有一股鲜香的海鲜味，适合作为海鲜料理的高汤，购买时以体型大的较佳。

海带

购买海带时以干燥的为佳，分量不需太多，只要一小段就足够。但由于它有一种特殊的气味，通常多使用在日式大骨高汤里，或搭配柴鱼熬煮高汤。

洋葱

洋葱的香气强烈，营养丰富，含有维生素A、维生素B、维生素C及磷、铁、钙等矿物质，熬煮高汤时不但可以去除腥味，还能增加甜度。洋葱适用来熬煮使用大量肉骨的高汤，也有人用小葱来代替，这样在煮之前，就要先把小葱炸过，以避免小葱呛辣刺激的味道破坏汤味的平衡。

胡萝卜、白萝卜

白萝卜鲜甜的滋味可以增加高汤的鲜美，且由于味道清爽，常大量使用，熬出的高汤适合用于搭配各种中式风味的料理里，而胡萝卜则因为口味独特，通常用于提味，熬煮时分量不需太多。

玉米

想让高汤更鲜甜吗？那加入整根玉米一起熬煮就没错了，因为玉米本身就有甜味，可以增加高汤的层次感，破除大骨熬出高汤的单调肉味。若用在素高汤上，更可以丰富素高汤缺少的鲜味。

干鱿鱼

干鱿鱼富含海鲜的鲜味，滋味更为丰富，适合用来熬煮海鲜高汤，用于提味。干鱿鱼的味道很重，因此不需加太多，也可以买一种处理过的干鱿鱼，可以方便很多。

干贝

充满鲜味的干贝是用来熬高汤的高级食材，可以直接加上米酒一起熬煮高汤，也可以先炸香后再加入高汤中熬煮，更有一番不同的风味。

香菇

香菇特殊的风味可以提升高汤的味道，尤其是晒干后的香菇味道更为丰富。干香菇在处理时，要先用冷水将其泡发，注意千万别用热水泡发，以免香菇的香味就此流失。

芹菜

芹菜滋味清爽，是熬煮高汤时常用的食材之一，尤其是用来熬煮素高汤。但由于芹菜也是属于味道独特的蔬菜，所以分量不适合放太多，以免太过抢味，而熬过的芹菜大都已经软烂不适合食用，所以必须捞除。

柴鱼

柴鱼是干制的鳕鱼，适合制作日式高汤，因为熬煮后高汤会变得涩口，所以须先将炉火关掉，最后再放入柴鱼，浸泡出味道，捞除即可。市面上比较容易买到已切好的柴鱼片，整条的柴鱼不容易购得，但风味较佳，可试着向日式大型超市或专卖日本食材的商家询问。

蚬

蚬有独特的鲜甜滋味，可单独熬煮蚬汤，但是因为味道太独特，不适合用来搭配其他料理，因此通常只少量加入其他高汤内提味，可以丰富高汤的口感。

鲜虾

直接以鲜虾来熬煮高汤与用虾米来熬煮高汤风味略为不同，鲜虾多了一种新鲜滋味，而虾米则是比较浓郁的鲜味，各有不同的口感，可根据喜好来选择。如果要选用鲜虾熬煮高汤，建议用剑虾，滋味较佳。

鱼骨

熬煮高汤的鱼骨可略带鱼肉，这样熬出来的高汤更鲜美，也可添加小鱼干一起熬煮，使滋味更丰富。

煲汤常用器具

了解这些器具的特性和用途，可以让煲汤过程更快速容易，轻松煮出好汤。

1.钢锅、汤锅

汤锅或钢锅是家中必备的烹饪器具。其特点是传热速度快，散热也快，但由于受热不均，使用时必须随时注意食材状况、烹调程度。若要长时间熬煮较为费时的食材，建议盖上锅盖慢慢烹煮，如此可避免过度散热而花费更多的时间。

2.汤勺

最常被使用于汤品上的是不锈钢材质的大汤勺，有时为了讲究或美观，也会使用白瓷材质或木质的汤勺。另外，塑料汤勺也相当常见，不过由于材质上的特殊性，建议不要用塑料汤勺来舀取过热的汤品，以免产生有毒化学物质。

3.细滤网、滤网

平日在家中煮汤时，使用滤网的机会比较少。但如果想熬制高汤底作为各式料理汤品的汤底，滤网可就是最佳的帮手。细滤网可最大限度地过滤掉汤中的杂质。而粗滤网在汆烫食材时，可发挥最大的效用，耐热的材质，使其适用于捞起滚沸锅中的食材，并将多余的水分沥干。

4.削皮刀

现在市场应消费者的需求设计了各式各样的削皮刀，使用起来不仅便利而且安全，有些刀具的外观看起来更是极具创意，顿时让下厨做菜成了一场极具趣味性的游戏。

5.炒锅、平底锅

不加任何肉类的蔬菜汤，常会口感发涩，不好入口，所以要先加些食用油、调味料放入锅中拌炒，再进行烹煮，这样可让汤品食用起来少些涩味，也好入口。可随意使用家中常用的各式锅具，只要方便好取用，炒锅或平底锅皆可。

6.搅拌机

一般在制作较西式的浓汤汤品，或要让食材表现出浓稠特色时，需要先用搅拌机将食材彻底绞碎，再进行烹调，如此不仅让汤品有更多变化，也更为省时省力。

煲汤常犯的错误

煲汤时有三种常见的错误，只要小心避免，就能大幅提高煲汤的成功率。

错误 1
把汤煲得太滚

为了把材料的精华彻底熬出，有些人以为水越滚越好，实际上把汤煮得太滚，只会让原本应该清澈的高汤变得混浊不堪、美味丧失。因此煲汤时要特别注意火候的掌控，以中小火为佳。

错误 2
没有一次加满足够的水

在熬煮高汤的过程中，即使发现倒入的水不够，也不宜再加水进去，因为材料在热水中滚沸时会逐渐释放出所含的营养素，如果倒入冷水温度骤降，就会突然遏止住营养素的释放，改变汤的原味，同时也会让汤变得混浊。如果非加水不可，也只能加热水而不能加冷水。

错误 3
没有做好隔夜的防护工作

通常熬煮的高汤不会一次用完，要留到隔天使用，这时过夜前的防护就十分重要。在不放入冰箱冷藏的情况下，要先用小火把汤煮开来做好消毒工作，再将汤面上的浮油（因为油凝结后会将汤封住，让汤内的温度维持在70℃左右，这也是最适合细菌活动的温度），最后把盖子盖上，记得不可以全盖，要留一些缝隙通风。

严格执行这些操作就能让辛苦煲好的高汤不变质，不过也不宜放太久，最好不要超过2天，即使放在冰箱冷藏，最多也不能超过3天。

煲汤方法面面观

以颜色区分，高汤可以大致分为浓汤、清汤，熬煮方法也依此有大火法、小火法两种。

大火法（常用大火与中火）最为简单，通常用来熬煮脊髓骨、牛骨，煮出来的汤多呈乳白色。以大火熬煮材料时，如果试尝的味道不够，可以直接放些肉一起熬煮来增味。小火法则适合煮出清澈的高汤，重点是需要配合食材熬煮。另外还有一种煎煮法，主要差别是熬汤前要先将食材下锅炸过，再加上一些葱蒜配料，虽然比较麻烦，但是可以有效去除腥味，还能让高汤有一种特殊的香味。

煲好高汤的小秘诀

熬煮高汤时常用到猪骨、牛骨等材料，在正式煮之前要先用烧开的水汆烫过，也就是把材料放进锅中以大火沸水煮约30秒，这是为了将材料上不易用手清除的血水脏污去除。把已经烫除血水的肉骨与其他配料放进锅内熬煮，等水再度烧开后，改小火继续煮，这时可以看到汤面上有数个上下翻的水流，状如菊花，维持这种菊花滚的状态数小时（依食材决定），就能煮出味道极佳的高汤。

煲汤时最好使用陶锅、砂锅这类散热均匀的容器，因为这样最能保留住材料的原味，如果没有陶锅、砂锅，退而求其次也可使用不锈钢锅。

高汤好坏的判断

检验高汤好坏的主要方法是"尝味道"。不论熬的是清汤或浓汤，味道一定要足、要浓厚，所以在熬煮肉骨汤时加肉进去，目的就是要让汤的味道够足；至于要放多少量的材料，则要看个人对汤味的要求与经验了。

如果是熬煮清汤，汤色的清澈程度也是检验的指标之一，越清越纯越好。熬汤的材料，则是越丰富煮出的成品越令人满意。不过要注意的是，一旦汤料已经煮至无味就要捞起，以免破坏整锅汤的味道，尤其像鱼类等海鲜材料，久煮后因为会融化溃散而成残渣，所以一定要记得及时捞出，汤才清澈。

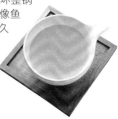

SOUP STOCK

浓缩原味 高汤篇

美味的高汤，是厨房必备的秘密法宝。无论是煮汤、炒菜、煮稀饭或是下面，这浓缩食材精华的高汤绝对能让餐桌上的菜肴增色提味不少。本篇公开大厨的高汤配方，让您天天都能利用高汤做出顶级美味。

高汤——美味关键

1 肉 骨食材先汆烫，去腥更美味

肉类或骨头等材料经过汆烫的步骤可以去除杂质、秽物，还能去除肉腥味，熬出来的高汤会更香醇鲜美。记得汆烫后要冲洗干净，这样重新熬出来的高汤才会更清澈。

2 过 滤高汤，清澈无杂质

熬好的高汤必须先过滤后再使用，如此高汤才会口感细致且汤汁清澈，同时因为过滤掉了熬煮中刺余的残渣，使熬好的高汤可以保存较长的时间不易变质。

3 辛 香料包装入锅，方便好处理

熬煮高汤经常会用到一些香料、辛香料或是中药材，如果直接下锅，就会整锅都飘浮着这些香料、药材，高汤也不好过滤处理。因此可以使用过滤袋或棉袋将这些香料、药材包装起来，西式的香料也可以用棉绳整束捆起来再入锅，这样过滤时只要捞除香料包就行了，轻松又省事。

高汤保存妙招

一次煮好大量高汤，分装进容器冷冻，需要时再取出所需分量解冻使用，不需大费周章，也可随时享用美味的高汤。

整锅保存

煮好高汤，要记得将汤里所有的食材都取出，浮油也要去得一干二净，放入冰箱冷藏可保存2~3天，冷冻则可放2~3个月的时间。要注意每次使用只取需要的量即可，因为已经解冻的冷冻高汤块，在解冻过程中会滋生细菌，所以千万不要再放回冰箱重复冰冻。

制冰盒保存

煮好的高汤，过滤后倒入制冰盒中，放进冰箱冷冻室冰冻起来，分成小小的一块块，用量好控制。

保鲜膜保存

也可以直接将高汤放入大碗，用保鲜膜封紧碗口，再放进冰箱冷藏。

保鲜盒(杯)保存

家中一定有很多有盖的保鲜盒或保鲜杯，除了做一般食材保存，保存较大量的高汤时也很方便，只要将放冷的高汤倒进保鲜盒（杯），盖上盖子，再放进冰箱冷藏或冷冻，使用时再挖出需要的分量即可，而且还能将高汤名称或保存时间标示在盒（杯）外面，更利于保存管理。

塑料袋保存

这种方法最方便，但使用期限最短，而且拿出冰箱后，就要一次用完。

01 | 猪大骨高汤

● 材料

猪大骨·········1500克
葱·················100克
姜·················200克
甘草·················2片

● 调味料

米酒·················1杯
水·············6000毫升

● 做法

1. 猪大骨洗净，放入沸水中汆烫去除血水。
2. 捞起以清水冲洗干净，备用。
3. 葱洗净切段，姜洗净切片，备用。
4. 将猪大骨、葱段、姜片、甘草片及所有调味料一起放入锅中，煮至沸腾。
5. 转中小火继续炖煮约40分钟，再过滤材料、去除浮末，取汤汁即可。

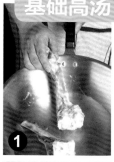

02 | 鸡高汤

● 材料

鸡脖子·············600克
胡萝卜···········120克
芹菜段·············50克
洋葱丝···········150克
口蘑丁···········120克
香叶················2片
百里香粉·········1小匙
西芹粉·············1小匙
水···············2000毫升

● 调味料

盐················1小匙
鸡精·············1小匙
米酒············100毫升
黑胡椒粒·········1大匙

● 做法

1. 鸡脖子去皮洗净，放入沸水中汆烫去除血水后，捞起以清水冲洗干净备用。

2. 将所有材料及水放入锅中煮至沸腾。

3. 转中小火继续炖煮约40分钟。

4. 加入盐、鸡精、米酒及黑胡椒粒调味即可。

 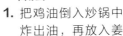

Tips 好汤有技巧··············

之所以利用鸡脖子熬高汤，是因为鸡脖子里面含有的大量骨髓能让高汤的滋味更鲜美。可做各式中西式浓汤的汤底、火锅汤底，也可作为各种料理水的替代品。

03 | 鸡汁浓高汤

● 材料

鸡油·············100克
姜················8片
洋葱丝·············80克
鸡皮·············500克
带皮鸡肉········1200克
鸡骨·············700克
水···············3000毫升

● 做法

1. 把鸡油倒入炒锅中炸出油，再放入姜片、洋葱丝，以中火炸2分钟炸至呈金黄色。

2. 加入鸡皮、带皮鸡肉、鸡骨，以中火炒约10分钟后倒入汤锅内，加水以中火熬煮约3小时，过滤即可。

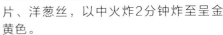

04 | 牛骨高汤

● 材料

牛骨·············1500克
洋葱·············300克
玉米·············400克
姜·············200克
芹菜叶·············2克

● 调味料

米酒·············1杯
水·············6000毫升

● 做法

1. 牛骨洗净，放入沸水中汆烫去除血水。
2. 捞起牛骨，以清水冲洗干净备用。
3. 玉米洗净切大段，姜洗净切片，备用。
4. 将牛骨、玉米、姜片及所有调味料一起入锅煮至沸腾。
5. 转中小火继续炖煮约40分钟，过滤材料、捞除浮末，取汤汁即可。

Tips 好汤有技巧············

　　牛骨高汤的味道较猪大骨高汤浓，且汤色呈现淡淡的乳白色，适宜做火锅汤底、牛肉面汤底、浓汤底或各种牛肉料理高汤，但不适合搭配金华火腿熬汤。

05 | 鱼高汤

● 材料

带肉鱼骨·············600克
蚬·············150克
葱段·············40克
姜片·············20克
芹菜段·············35克
香叶·············3片
柠檬叶·············3克

● 调味料

米酒·············200毫升
水·············3000毫升
盐·············1/2小匙
鸡精·············1/2小匙

● 做法

1. 将带肉鱼骨洗净，放入沸水中汆烫去除血水后，捞起以清水冲洗干净备用。
2. 蚬放入清水中吐沙备用。
3. 将所有材料及水放入锅中煮至沸腾。
4. 转中小火继续炖煮约30分钟。
5. 加入米酒、盐、鸡精调味即可。

Tips 好汤有技巧············

　　鲜鱼高汤使用的带肉鱼骨，基本上可用各种鱼，但以虱目鱼骨熬煮出来的汤风味最佳。

06 | 鱼骨高汤

● 材料

鱼骨·················150克
小葱·················1根
姜····················150克
米酒·················1大匙
水····················1500毫升

● 做法

　　将鱼骨洗净后，加入葱、姜、米酒和水焖煮约1小时后，再过滤出汤底即可。

> **ips 好汤有技巧**·················
> 　　因为海鲜的腥味较重，所以用海鲜类的食材熬煮高汤时，可以多放一些葱、姜及米酒，除了可以去除海鲜的腥味，其浓郁的辛香味与酒味，也能让高汤风味多些层次。

07 | 鱼露清汤

● 材料

鸡骨·············600克　　虾米·············30克
食用油·········30毫升　　洋葱丝·········80克
比目鱼·········40克　　　水·············2000毫升
小银鱼·········30克

● 做法

1. 将鸡骨洗净；用热食用油分别将比目鱼、小银鱼、虾米以小火炸酥，再加入洋葱丝炸至呈金黄色。
2. 将做法1的材料一起放入汤锅内，加水以小火熬煮约2小时即可。

> **ips 好汤有技巧**·················
> 　　所谓比目鱼就是偏口鱼，偏口鱼在各地各有不同的叫法，在广东、香港一带被称为大地鱼。可用来熬高汤、煲汤、做馅料，甚至沙茶酱的主要原料也少不了比目鱼，在传统市场干货摊或是南北货商店都可以买到。

08 | 海带柴鱼高汤

● **材料**

海带…………… 150克
柴鱼片………… 30克

● **调味料**

水………… 2000毫升
盐………… 1/2小匙
柴鱼粉……… 1小匙

● **做法**

1. 海带用干布擦拭干净备用。
2. 锅内放入海带及水，开火煮至沸腾，捞除海带熄火。
3. 锅中加入柴鱼片，待柴鱼片完全沉淀后捞除柴鱼片，过滤取汤汁，再加入盐、柴鱼粉调味即可。

Tips 好汤有技巧…………………

日式风味的高汤，适合用来做涮锅锅底、火锅汤底以及茶碗蒸、土瓶蒸等日本料理高汤。此外，柴鱼片不能久煮，否则高汤容易变涩，所以必须先熄火再放入柴鱼片，等柴鱼片完全沉淀于汤中，即可捞除。

09 | 海带香菇高汤

● **材料**

干香菇………… 30克
海带…………… 20克
腌渍梅子……… 1颗
水………… 2000毫升

● **做法**

1. 香菇洗净，海带以干净的湿布擦拭干净，一起放入大碗中，加入水、腌渍梅子浸泡半天。
2. 将做法1的所有材料倒入汤锅中，以中小火煮约10分钟至略滚出现小气泡时熄火，再滤出高汤即可。

Tips 好汤有技巧…………………

腌渍梅子应选择不带甜味的，利用其单纯的酸味引出高汤的自然鲜甜，同时可使高汤有回甘的好风味。海带高汤主要是利用浸泡的方式使材料释放出好味道，因为海带如果久煮，会使汤汁变得很混浊，口感也会不够清爽。煮的时候也要避免汤汁过于沸腾，稍微出现沸腾的小气泡时就要马上熄火。

10 | 素高汤

● 材料

皮丝·············300克
干香菇··········30克
胡萝卜··········120克
玉米·············240克
圆白菜··········200克
甘草·············2片
胡椒粒··········1大匙

● 调味料

水···········2000毫升
盐·············1小匙

● 做法

1. 皮丝、香菇分别浸泡入清水中至膨胀，取出挤干水分备用。
2. 胡萝卜去皮洗净，切滚刀块；圆白菜洗净，切大片；玉米洗净切段，备用。
3. 将所有材料及水放入锅中煮至沸腾，转中小火继续炖煮约30分钟。
4. 加盐调味，过滤材料、捞除浮末，取汤汁即可。

11 | 蔬菜高汤

● 材料

洋葱·············150克
西芹·············50克
胡萝卜··········150克
圆白菜··········200克
番茄（中型）···2个
苹果（小型）···1个
水···········2000毫升
香叶·············2片

● 调味料

黑胡椒粒········10粒
盐·············3克

● 做法

1. 将所有蔬菜材料洗净，洋葱去皮切大块、西芹切段、胡萝卜去皮切小块、圆白菜切粗片、番茄去蒂切粗块、苹果切块，备用。
2. 将水倒入汤锅中，加入做法1处理好的所有材料，再加入香叶和黑胡椒粒以大火煮开，改中小火继续煮约30分钟至蔬菜香味溢出。
3. 将盐加入煮好的汤中引出美味，再滤出高汤即可。

12 | 海鲜蔬菜高汤

● 材料

胡萝卜·············2根　　黑胡椒粒·········1小匙
西芹············100克　　香叶··············3片
洋葱·············1个　　水··········3000毫升
鱼骨············150克

● 做法

1. 将所有蔬菜材料洗净，胡萝卜、西芹切丁；洋葱去皮切丁，备用。
2. 将做法1的材料、鱼骨、香叶、黑胡椒粒放入锅中，加入水煮沸。
3. 转小火熬煮约30分钟，捞除材料，留高汤即可。

13 | 番茄高汤

● 材料

番茄············500克
洋葱·············2个
胡萝卜············2根
水··········3000毫升

● 做法

1. 将所有蔬菜材料洗净，番茄、胡萝卜切大块；洋葱去皮切大块，备用。
2. 将做法1的材料放入锅中，加入水煮沸。
3. 转小火熬煮约1小时，捞除材料，留高汤即可。

14 | 虾米柴鱼高汤

● 材料

虾米……………150克
柴鱼片…………150克
水………… 3000毫升
葱…………………3根
姜…………………100克
海带……………750克

● 做法

　将虾米、葱、姜和海带洗净后，加入水焖煮90分钟左右，加入柴鱼片，待完全沉淀后，再过滤出汤底即可。

Tips 好汤有技巧……………

　海带是用海带晒干制成的，因此难免会有些灰尘杂质在上面。但不建议直接用水冲洗，因为这样会将海带的风味冲淡。可以用干布将干海带表面擦拭干净，如果不放心想用水洗，也只要稍微冲一下水即可，千万别洗太久。

15 | 鲜虾高汤

● 材料

剑虾……………200克
螃蟹……………250克
芹菜段…………100克
洋葱丝…………200克
姜片………………50克
胡萝卜…………150克
百里香粉………适量

● 调味料

水………… 3000毫升
米酒………… 200毫升
盐…………………1大匙
鸡精………………1大匙

● 做法

1. 剑虾、螃蟹洗净后沥干，放入烤箱内烤至上色且表面略焦。
2. 将剑虾、螃蟹放入搅拌机中一起打成泥。
3. 将剑虾、螃蟹泥放入锅中，加入剩余材料及水熬煮至沸腾，转小火继续熬煮约2个小时。
4. 过滤取汤汁，再加入米酒、盐及鸡精调味即可。

16 麻辣锅高汤

● 材料

红葱头…………100克
蒜头……………100克
牛脂肪…………800克
色拉油………400毫升
纯辣椒酱………600克
豆瓣酱…………500克
豆豉……………100克
酒酿……………400克
干辣椒…………150克
辣椒粉……………15克

大红袍花椒………50克
葱………………200克
姜………………100克
牛骨……………1200克
猪骨……………600克
猪血……………300克
豆腐……………200克
水……………1500毫升
香叶………………15克

● 调味料

八角………………12克
丁香………………8克
桂皮………………20克
甘草………………20克
白蔻仁……………10克
草果………………3颗

● 做法

1. 猪血、豆腐洗净，切块。葱洗净切段、姜洗净切片，大红袍花椒以调理机打碎，备用。

2. 红葱头、蒜头洗净切末，备用。

3. 将豆瓣酱、豆豉、酒酿一起放入调理机中，打碎，备用。

4. 牛脂肪切小块，以沸水汆烫去杂质后捞起，放入炒锅中以中火炸至出油，再转小火炸至牛脂肪块缩小微干后，捞除牛油渣。

5. 锅中加入400毫升色拉油以降低温度，接着放入葱段、姜片炸至微焦后捞起，备用。

6. 锅中放入蒜末、红葱头末，炸至颜色变金黄，再放入纯辣椒酱炒至呈亮红色，继续加入打碎的豆瓣酱、豆豉、酒酿不停拌炒（需不停拌炒，避免粘锅烧焦），炒至干松后，再加入干辣椒、辣椒粉、打碎的大红袍花椒，不停拌炒至颜色红亮。

7. 取一高汤锅，倒入水与猪血、豆腐、葱段、姜片，再倒入做法6的所有材料。

8. 将牛骨与猪骨汆烫后捞起、洗去污血，再加入锅中熬煮约3小时，最后加入所有香料熬煮约30分钟后，将香料沥除即可。

23

17 | 白甘蔗高汤

● 材料

白甘蔗··········600克
蚬··············200克
圆白菜··········150克
大骨高汤··2000毫升
（做法参考P15）

● 做法

1. 白甘蔗削皮洗净，剁成小块；蚬放入清水中吐沙；圆白菜洗净后切块，备用。
2. 将做法1的材料全部入锅，加入大骨高汤以大火煮至沸腾。
3. 转小火继续熬煮约1小时，起锅前加入盐、米酒调味即可。

Tips 好汤有技巧·············

鲜甜的白甘蔗高汤除了可以用来当火锅高汤，事先不加盐调味也可以有大骨高汤的作用，但多了一股淡淡的甜味。

18 | 香茅高汤

● 材料

香茅·············5克　　胡萝卜··········200克
鲜柠檬皮········100克　　芹菜············200克
柠檬汁········120毫升　　水··········2000毫升
玉米············300克

● 做法

1. 鲜柠檬皮去除内部白色部分，再将外皮切丝；玉米剥除叶子，洗净切段；胡萝卜去皮洗净切块；芹菜洗净切段，备用。
2. 将所有材料（柠檬汁除外）放入锅中以大火煮沸，转小火再煮30~40分钟。
3. 加入柠檬汁拌匀即可。

Tips 好汤有技巧·············

香茅高汤不但可以当作香茅火锅的汤底，用作其他南洋料理的高汤底或煮南洋风味的高汤也很合适。

19 | 咖喱火锅高汤

● 材料

鸡骨·············600克		色拉油········150毫升	
猪骨·············600克		泰式黄咖喱·····100克	
洋葱·············200克		咖喱粉············30克	
番茄·············100克		水············8000毫升	
大蒜头···········100克			

● 做法

1. 鸡骨、猪骨分别洗净沥干，备用。
2. 洋葱洗净沥干，切成4等份；番茄洗净切成4等份；蒜头洗净沥干切末，备用。
3. 将做法1的材料放入沸水中汆烫去杂质后捞起，以冷开水冲净备用。
4. 取一深锅，将水倒入锅中，放入洋葱、番茄及鸡骨、猪骨熬煮约1小时。
5. 另热一锅，放入色拉油烧热后，放入蒜末、泰式黄咖喱与咖喱粉，以小火拌炒约3分钟。
6. 将做法5的材料倒入做法4的锅中，熬煮约1小时，过滤取汤汁即可。

20 | 沙茶火锅高汤

● 材料

猪骨·············500克	
鸡骨·············500克	
比目鱼············50克	
洋葱·············200克	
黄豆芽···········100克	
色拉油·········50毫升	
柴鱼片············50克	
水············8000毫升	

● 调味料

沙茶酱···········300克
细砂糖············30克

● 做法

1. 猪骨、鸡骨分别洗净沥干，备用。
2. 比目鱼烤香；洋葱洗净沥干，切小块；黄豆芽洗净沥干，备用。
3. 将做法1的材料放入沸水中汆烫去杂质后，以冷开水洗净，备用。
4. 净锅上火，烧热后放入色拉油、洋葱块、黄豆芽炒约3分钟。
5. 取一深锅，将做法4的材料倒入锅中后，加入水、比目鱼、做法3的材料、柴鱼片及所有调味料，以大火煮至沸腾后，转小火续煮约2小时，过滤取汤汁即可。

21 泡菜高汤

● 材料

大白菜…………600克
蒜末……………70克
姜汁……………30克
花椒粒……………1克

● 腌料

辣椒酱…………150克
糖………………2大匙
辣椒粉…………2小匙
香油……………1大匙
白醋……………1大匙

● 调味料

水………………3000毫升
米酒……………60毫升
盐………………1大匙
鸡精……………1大匙

● 做法

1. 大白菜洗净沥干，一片片剥下后，涂抹少许盐置放至出水，再将大白菜片挤干水分备用。

2. 将所有腌料混合均匀，均匀涂抹在大白菜片上，静置腌渍约6小时，即成泡菜。

3. 将泡菜加上所有调味料以大火煮至沸腾，转中小火继续煮半小时即可。

22 酸白菜 火锅高汤

● 材料

五花肉…………1000克
酸白菜…………300克
豆腐………………1块
猪大骨高汤··1200毫升
（做法参考P15）

● 调味料

酸白菜汤汁……3大匙
鸡精……………1/2小匙
盐………………适量

● 做法

1. 酸白菜切大块；五花肉洗净，切薄片；豆腐洗净，切成8~10块小方块备用。

2. 锅中放入猪大骨高汤、酸白菜块、酸白菜汤汁、五花肉片、豆腐块，加热至肉片略熟后，再放入其余调味料调味即可。

23 | 蒙古锅高汤

● 材料

A 水20升、鸡骨600克、猪大骨1200克、洋葱600克、苹果600克、胡萝卜600克

B 八角10克、豆蔻10克、当归2片、花椒10克、肉桂12克、甘草12克、香叶8克、陈皮6克、川芎6克、小茴香6克、孜然200克、姜6克、肉苁蓉6克、辛夷6克

● 做法

1. 将材料B放入调理机中打碎，再放入卤包袋中（可包成5包）。
2. 洋葱剥皮洗净、去头尾切开；苹果洗净切半；胡萝卜洗净切段，备用。
3. 鸡骨、猪大骨汆烫冲水洗净备用。
4. 取锅，加入20升水，放入做法2与做法3的材料，开大火煮沸后，转成小火，让水保持微沸状态即可，熬煮约4小时。
5. 放入香料包，继续熬煮约30分钟，待香味溢出后，过滤出清汤即可。

24 | 水果牛奶高汤

● 材料

苹果·····················2个
柳橙·····················3个
柳橙皮···············150克
洋葱·····················200克
鲜虾···················150克

蛤蜊···················150克
鲜奶···············1000毫升
水淀粉···············少许

● 做法

1. 苹果洗净去皮切丁；柳橙去皮切丁；柳橙皮洗净去除内部白色部分，切成细丝；洋葱去皮洗净切丝；鲜虾洗净；蛤蜊放入清水中吐沙，备用。
2. 将所有材料（水淀粉除外）放入锅中煮至沸腾，以水淀粉勾芡即可。

Tips 好汤有技巧················

水果牛奶高汤具有清爽的水果牛奶风味，可以用来当火锅的汤底，还可以用来当浓汤的汤底，与海鲜一起料理，风味绝佳。

25 | 石头火锅高汤

● 材料

洋葱·····················1/4个
蒜头·····················2个
猪油·····················1大匙
猪大骨高汤···1200毫升
（做法参考P15）

● 调味料

甘草粉···············少许
肉桂粉···············少许
辣椒粉···············少许

● 做法

1. 洋葱洗净，切丁；蒜头切片备用。
2. 锅中放入猪油加热，放入洋葱丁、蒜片以中火爆香备用。
3. 锅中放入做法2的所有材料，再加入猪大骨高汤和所有调味料，以中火慢慢加热后，放入喜欢的火锅料煮熟即可。

26 | 红烧牛肉高汤

● 材料

熟牛腱·················1个
小葱·················3根
牛脂肪··············50克
姜·····················50克
红葱头··············3个
蒜头·················3个
花椒············1/4小匙
牛骨高汤·· 3000毫升
（做法参考P17）

● 调味料

豆瓣酱···········2大匙
盐·················1小匙
糖·············1/2小匙

● 做法

1. 将熟牛腱切成小块；小葱洗净切小段；姜洗净去皮拍碎；红葱头去皮切碎；蒜头去皮切成细末备用。

2. 将牛脂肪放入沸水中氽烫去脏，捞出沥干后切成小块备用。

3. 热一锅，加入少许色拉油，放入牛脂肪翻炒至出油，再炒至牛脂肪呈现焦、黄、干的状态时，放入葱段，以小火炒至葱段呈金黄色，再加入姜碎、红葱碎、蒜末，炒约1分钟，再放入花椒、豆瓣酱与牛腱肉块，继续以小火炒约3分钟，最后加入牛骨高汤煮至滚沸。

4. 将做法3的材料倒入不锈钢汤锅内，以小火焖煮约1小时后，捞出较大的姜碎、葱段及花椒等材料，最后加入剩余调味料，煮至再度滚沸即可。

27 | 清炖牛肉高汤

● 材料

牛肋条…………300克
白萝卜…………100克
老姜……………50克
小葱……………2根
花椒…………1/4小匙
胡椒粒………1/4小匙
牛骨高汤‥3000毫升
（做法参考P17）

● 调味料

盐………………1大匙
米酒……………1大匙

● 做法

1. 将牛肋条放入沸水中氽烫去除血水，捞出。
2. 将牛肋条切成3厘米长的小段备用。
3. 白萝卜去皮洗净切成长方片，并放入沸水中氽烫；老姜去皮洗净后切片；小葱洗净切段备用。
4. 将牛肋条段、做法3的所有材料与花椒、胡椒粒放入高压锅中，再加入所有调味料与牛骨高汤，按下开关炖煮约2.5小时即可。

28 | 药膳牛肉高汤

● 材料

　A 牛肋条300克、牛骨高汤3000毫升（做法参考P17）

　B 当归3片、川芎4片、茯苓4克、黄芪10克、甘草3克、熟地6克、红枣8颗、桂枝5克、白芍3克、党参5克

● 调味料

米酒200毫升、盐1大匙

● 做法

1. 牛肋条放入沸水中氽烫去除血水，捞出后切成3厘米长的小段备用。

2. 材料B所有药材用水洗净后，捞出沥干水分，并浸泡在牛骨高汤里30分钟。

3. 将牛肋条块、做法2的药材、牛骨高汤与米酒放入电锅内，外锅加入1杯水，按下开关炖煮，跳起后再加入1杯水继续煮，连续炖煮约3小时，起锅前加入盐调味即可。

29 | 味噌拉面高汤

● 材料

猪大骨·········1000克
猪皮·············500克
瘦肉·············500克
洋葱···············2个
小葱···············3根
胡萝卜·············1根
大白菜···········1/2棵
鲜海带···········30克
姜·················60克
水··········· 5000毫升

● 调味料

味噌·············600克

● 做法

1. 将所有材料清洗干净；将除大骨以外的所有材料切块。

2. 将所有材料一起放入汤锅中，以大火熬煮约3小时，加入味噌，继续煮至再度滚沸即可。

30 | 酱油拉面高汤

● 材料

A 猪骨·········500克
  鸡骨·········500克
  梅花肉·········1条
  （以棉线扎紧）

B 盐·············适量
  洋葱···············1个
  白萝卜·········1/2根
  柴鱼片·········50克
  水········· 4000毫升

● 做法

1. 将所有材料A一起放入汤锅中，以小火熬煮1小时后，将梅花肉捞起抹盐。

2. 继续以小火熬煮汤锅内的材料约1小时即可。

Tips 好汤有技巧

梅花肉要以棉线捆紧再放入高汤中熬煮，因为高汤起码要熬煮1小时以上，若没有捆紧，在长时间的炖煮下肉会四分五裂，只有捆起来才能保持完整，这样待高汤完成后，还可用其制作日式叉烧肉。

31 | 火腿高汤

● 材料

鸡骨············1000克
瘦猪肉···········600克
带骨火腿········300克
胡椒粒···········20克
水············ 3000毫升

● 做法

1. 将鸡骨、瘦猪肉氽烫洗净，放入汤锅中，加水。
2. 把带骨火腿、胡椒粒也放入汤锅内，以小火熬煮约5小时后过滤即可。

> **Tips 好汤有技巧** ················
> 带骨的火腿可以选用中式火腿，例如金华火腿，因为骨头中有骨髓，熬煮后会溶在汤中，比单用火腿肉会有更丰富的鲜味。

32 | 海鲜高汤

● 材料

蛤蜊···········400克　　洋葱···············1/4个
虾··············4只　　　姜···············30克
牡蛎···········200克　　水···········1500毫升

● 做法

1. 将蛤蜊用清水浸泡，去沙；将虾去除虾线，洗净备用。
2. 将水煮开，加入所有材料，以小火续煮约30分钟即可。

> **Tips 好汤有技巧** ················
> 洋葱天然的鲜甜味是增加高汤鲜味的好食材。一般海鲜食材都会加葱来去腥，不过葱的鲜甜味没有洋葱重，将葱改成洋葱不但有去腥的效果，还能增加甜味。

33 | 洋葱浓汤

● 材料

肉骨……………800克
洋葱片…………500克
胡萝卜片………200克
水…………… 2500毫升

● 做法

1. 将肉骨、洋葱片、胡萝卜片用烤箱以250℃
   的温度烤到焦黄（或炒香）。
2. 将做法1的材料取出放入汤锅内，加水，以
   中火熬煮约2小时后过滤即可。

Tips 好汤有技巧 ………………

　　鲜甜的洋葱可以让高汤变得甜美，不
过如果先将其拌炒或烤过，洋葱的甜味会
更加明显。将洋葱加热到透明，洋葱的甜
味就会完全释放出来，用来熬汤更美味。

34 | 葱烧高汤

● 材料

肉骨……………1000克
小葱……………10根
盐………………1小匙
水……………… 2000毫升
油………………300毫升

● 做法

1. 小葱洗净切段备用。
2. 将肉骨放入沸水中余烫去除血水，捞出洗
   净后放入汤锅，加入2000毫升水。
3. 锅中放油烧热，放入小葱段炸至焦黄后捞
   起，放入汤锅内，以小火熬煮约2小时即可。

Tips 好汤有技巧 ………………

　　小葱的风味与肉类非常搭配，用葱
烧高汤来炖肉、煮牛肉面都非常适合，
不过小葱要事先炸过，把原来的辛辣味
去除，高汤的风味才会浓醇。

35 | **泰式酸辣高汤**

● 材料

猪骨	800克	番茄	2个
虾壳	300克	柠檬	1个
泰国辣椒	3个	辣椒膏	3大匙
香茅	3根	水	3000毫升
洋葱	1个	香醋	100毫升

● 做法

1. 将猪骨放入沸水中氽烫去除血水，捞出洗净备用。将泰国辣椒、香茅洗净切段，将洋葱、番茄、柠檬洗净切块。
2. 将所有材料（香醋除外）放入汤锅中，以小火熬煮约2小时，最后加入香醋即可。

Tips 好汤有技巧

泰式风味一定不能缺少香茅，虽然新鲜香茅不容易买到，但是可以在东南亚食品行买到干香茅，其实干香茅味道更浓郁，用来熬汤更适合。

36 | **越式高汤**

● 材料

牛肉	500克	柠檬叶	4片
牛骨	1块	柠檬	1个
香茅	3根	水	3000毫升

● 做法

1. 柠檬带皮切片，备用。将牛肉放入沸水氽烫去除血水，捞出洗净切块。香茅洗净切段。
2. 将所有材料放入汤锅内，以中火熬煮，并不时地捞除浮沫，煮约4小时即可。

Tips 好汤有技巧

当香料使用的柠檬叶通常是泰国柠檬叶，但因为摘种不易，市面上大都是干柠檬叶。干柠檬叶只要密封存放就可以了，有清淡的柠檬香，很适合用于海鲜料理的烹调，可以增加香气、去除腥味。

CLEAR SOUP

清爽鲜美 清汤篇

清汤通常是指水沸后将食材放入，待水再次滚沸后调味即可的汤品，或是炖煮时间不超过1小时的汤品。我们常喝的鸡汤、排骨汤、蔬菜汤、下水汤等都是这种能喝得到食材原味的清爽汤品，吃完大鱼大肉后来碗清汤再合适不过了。

清汤——
美味关键

1 材料要新鲜，煮汤前要处理干净

清汤因为调味简单，所以材料新鲜很重要，新鲜的材料煮出来的高汤才会鲜美。而材料在煮汤之前一定要先用水清洗，肉类也要先汆烫去血水并用冷水冲洗干净，这样高汤才不会带有腥味或杂质。

2 调味料最后加，提味又不影响鲜美

调味料一定要起锅前再放，尤其是含盐分的调味料。因为盐分会使肉中的蛋白质收缩，如果太早加入调味料，会导致肉中的鲜味无法融入汤中而影响高汤的美味。

3 有浮沫杂质最好要捞除

煮汤的过程中多少会有油脂或杂质浮在表面，记得要在汤品上桌前将它们捞除，这样就不会破坏汤品的外观与质感，食用时也不会因吃到浮沫杂质而影响风味与口感。

汤怎么煲最好喝

煲汤看似简单，但还是有许多小秘诀、小技巧，懂得这些窍门，你煲的汤也可以有大厨出品一般的好味道。

高汤美味秘诀

【秘诀1】

骨头材料经过汆烫的步骤可以去除杂味，熬出来的高汤味道香醇鲜美。汆烫之后再冲洗干净，还可以去除血污，从而使汤汁更加清澈。

【秘诀2】

熬好的高汤必须先过滤后才可以使用，如此才能口感细致且汤汁清澈。而没有马上使用的高汤，也会因过滤去除掉熬煮后的渣渍，可以保存较长时间而不容易变质。

【秘诀3】

熬煮高汤时，食材须放入冷水中开始煮，并且水和食材按一定的比例搭配。熬煮时，要用慢火充分将其精髓熬出，过程中无须加盐，但要不时地捞除浮沫。此外，高汤并不是熬得越久就越美味。每一种高汤都有特定的熬煮时间，熬得过久会

使高汤释出杂质而变得浑浊，熬的时间不够，又熬不出精髓，所以时间的掌控相当重要。

【秘诀4】

熬煮高汤的骨头不太可能洗得很干净，所以最好事先汆烫一下。放入锅中熬煮时，骨髓筋膜会在水煮过后产生很多浮沫，所以要不时捞除浮沫，或是在炖好之后以纱布过滤一次，这样高汤才会清澈干净。

【秘诀5】

熬高汤使用的材料有肉块、蔬菜、香料等，蔬菜常用洋葱、西芹和胡萝卜等，香料则通常有百里香、香叶、欧芹等，还有香料束或香料袋，差别只在于香料束是用线将香料绑起来，而香料袋是将香料切碎装袋而成。

【秘诀6】

选购熬高汤的骨头时，第一要注意的是新鲜。由于高汤忌油，除了在熬煮过程中要不时捞除浮油，在熬煮前也要先把过多的肥肉去掉。

37 | 香菇竹荪鸡汤

材料

土鸡块…………600克
干竹荪……………5条
干香菇……………12朵
水……………600毫升
米酒………………1大匙
姜…………………3片

调味料

盐…………………1茶匙

做法

1. 将土鸡块放入沸水中汆烫，洗净后去掉鸡皮备用。
2. 将干竹荪剪掉蒂头，洗净后以水泡至胀发，剪成4厘米长的段备用。
3. 干香菇洗净，泡软去蒂留汁备用。
4. 将做法1、做法2、做法3的所有材料放入锅内，加水、姜片、米酒和盐调味，放入电锅中，外锅加2杯水炖煮，待开关跳起即可。

Tips **好汤有技巧**

干竹荪要先把硬硬的蒂头剪掉，以免影响口感；切块的鸡肉要先放入沸水中汆烫，这样煮出来的汤才不会有杂质。

38 | 菠萝苦瓜鸡汤

◉ 材料

土鸡块…………300克
苦瓜…………200克
咸菠萝…………5块
姜…………3片
水…………1500毫升

◉ 调味料

盐…………1/4小匙
米酒…………1大匙

◉ 做法

1. 将苦瓜洗净剖开，去籽并刮除白膜，切成小块备用。
2. 将土鸡块放入沸水中氽烫，洗净后放入炖锅中。
3. 将咸菠萝、姜片、盐、米酒、苦瓜块和水加入炖锅中，以小火煮约90分钟即可。

39 | 香菇竹笋鸡汤

● 材料

鸡肉·················600克
干香菇（小朵）··15朵
竹笋块··············300克
水···············2200毫升

● 调味料

盐·················1小匙
鸡精··············1/2小匙
米酒··············1/2小匙

● 做法

1. 鸡肉洗净，放入沸水中略汆烫后，捞起用水冲洗干净，沥干备用。
2. 干香菇洗净，浸泡在水中备用。
3. 取锅，放入鸡肉、竹笋块、水、香菇和泡香菇的水，以大火煮至滚沸。
4. 转小火，并盖上锅盖煮约50分钟，再加入调味料煮匀即可。

Tips 好汤有技巧

要熬出好喝的鸡汤首先要保证材料新鲜，特别是炖煮的主角"鸡肉"，这样煮出来的汤才会鲜美。另外，最好选择脂肪含量较低的鸡肉，或是在煮汤之前去除一些多余的脂肪，这样煮出来的汤才不会太油腻。

40 蛤蜊冬瓜鸡汤

● 材料

土鸡肉…………300克
蛤蜊……………150克
冬瓜……………150克
姜丝……………15克
水…………1200毫升

● 调味料

料酒…………15毫升
盐………………1/2小匙
鸡精……………1/4小匙

● 做法

1. 蛤蜊用沸水余烫约15秒后取出、冲凉水，用小刀将壳打开，把沙洗净，备用。

2. 土鸡肉剁小块，放入沸水中余烫去脏血，再捞出用冷水冲凉洗净；冬瓜去皮洗净切厚片，与处理好的土鸡肉块、姜丝一起放入汤锅中，再加入水，以中火煮至滚沸。

3. 捞去浮沫，再转小火，加入料酒，不盖锅盖煮约30分钟至冬瓜软烂后，加入蛤蜊，待鸡汤再度滚沸后，加入盐与鸡精调味即可。

41 | 萝卜干鸡汤

材料

土鸡肉·············300克
老萝卜干·········50克
蒜头·············10颗
水···············1200毫升

调味料

盐···············1/4小匙
鸡精·············1/4小匙

做法

1. 土鸡肉剁小块，放入沸水中汆烫去除血水，再捞出用冷水冲凉洗净，放入汤锅中。
2. 老萝卜干洗净、切片，与姜片、水一起加入汤锅中，以中火煮至滚沸。
3. 去除浮沫，再转小火，不盖锅盖煮约30分钟，关火后加入所有调味料调味即可。

 Tips 好汤有技巧··············

将制成的萝卜干一次又一次地曝晒，再储存一年又一年，这样萝卜干就会越老越香，品质越好。某些老字号客家餐馆至今还有数十年前的陈老萝卜干，年代越久者越难买到，价格也相对昂贵。

42 | 蒜头鸡汤

材料

乌鸡·············1/2只
蒜头·············100克
水···············800毫升
料酒·············100毫升

调味料

盐···············1/2小匙

做法

1. 乌鸡剁小块，以沸水汆烫去除血水后冲凉洗净，置砂锅中。
2. 锅中放入去皮蒜头，加入水、料酒、盐，以小火炖煮约40分钟即可。

Tips 好汤有技巧··············

煮鸡汤时，要等汤沸后再捞浮沫，这样可以一次捞掉绝大部分的浮沫，比较省事。

43 | 菱角鸡汤

◎材料

土鸡肉…………300克
菱角肉…………100克
枸杞子……………5克
姜丝……………15克
水…………1200毫升

◎调味料

料酒…………15毫升
盐……………1/2小匙
鸡精…………1/4小匙

◎做法

1. 土鸡肉剁小块，放入沸水中氽烫去脏血，再捞出用冷水冲凉洗净，备用。
2. 将菱角肉与土鸡肉块、姜丝、枸杞子一起放入汤锅中，加水，以中火煮至滚沸。
3. 待鸡汤滚沸后捞去浮沫，再转小火，加入料酒，不盖锅盖煮约30分钟，关火起锅后，加入盐与鸡精调味即可。

⌒ **Tips 好汤**有技巧 ……………
怕胖的人不妨在烹调前，先将鸡肉上所有可见到的脂肪都切除，这样炖出来的汤就不会太油腻。

44 | 栗子冬菇鸡汤

◎材料

土鸡肉…………200克
去皮鲜栗子……100克
泡发香菇…………5朵
姜片……………15克
水……………500毫升

◎调味料

盐……………3/4小匙
鸡精…………1/4小匙

◎做法

1. 土鸡肉剁小块，放入沸水中氽烫去脏血，再捞出用冷水冲凉洗净，备用。
2. 香菇洗净切小片，与土鸡肉块、鲜栗子、姜片一起放入汤盅中，再加入水，盖上保鲜膜。
3. 将汤盅放入蒸笼中，以中火蒸约1小时，蒸好取出后，加入所有调味料调味即可。

45 | 山药鸡汤

◎ 材料

土鸡肉…………200克
山药……………100克
枸杞子……………4克
姜片……………15克
水…………500毫升

◎ 调味料

盐……………3/4小匙
鸡精…………1/4小匙

◎ 做法

1. 土鸡肉剁小块，放入沸水中汆烫去脏血，再捞出用冷水冲凉洗净，备用。

2. 山药去皮洗净、切长条，与土鸡肉块、姜片、枸杞子一起放入汤盅中，再加入水，盖上保鲜膜。

3. 将汤盅放入蒸笼中，以中火蒸约1小时，蒸好取出后，加入所有调味料调味即可。

46 | 干贝鲜笋鸡汤

● 材料

乌鸡肉…………300克
干贝………………20克
鲜绿竹笋………120克
泡发香菇………20克
姜片……………15克
水…………1200毫升

● 调味料

盐………………1/2小匙
鸡精……………1/4小匙

● 做法

1. 乌鸡肉剁小块，放入沸水中汆烫去脏血，捞出用冷水冲凉、洗净；鲜绿竹笋切小块，备用。

2. 干贝用60毫升冷水浸泡约30分钟后，连汤汁与乌鸡肉块、鲜绿竹笋块、香菇、姜片一起放入汤锅中，再加入水，以中火煮至滚沸。

3. 捞去浮沫，再转小火，盖上锅盖煮约1.5小时，关火起锅后，加入所有调味料调味即可。

Tips 好汤有技巧……………

鸡肉的脂肪大多包含在皮中，如果将鸡皮去掉，便可大大降低鸡肉的热量。

47 | 槟榔心鸡汤

● 材料

土鸡肉…………300克
槟榔心…………80克
枸杞子……………5克
姜丝……………15克
水…………1200毫升

● 调味料

料酒……………15毫升
盐………………1/2小匙
鸡精……………1/4小匙

● 做法

1. 土鸡肉剁小块，放入沸水中汆烫去脏血，再捞出用冷水冲凉洗净；槟榔心切段，备用。

2. 将做法1的所有材料与姜丝、枸杞子一起放入汤锅中，加水，以中火煮至滚沸。

3. 捞去浮沫，再转小火，加入料酒，不盖锅盖煮约30分钟，关火起锅后，加入盐与鸡精调味即可。

Tips 好汤有技巧……………

槟榔心又称半天笋，口感鲜嫩，在超市或传统市场都可见到已包装的或新鲜的半天笋。

48 | 番茄蔬菜鸡汤

● 材料

乌鸡肉…………300克
番茄……………100克
胡萝卜……………70克
芹菜………………40克
蒜头………………20克
香菜茎……………10克
水…………1200毫升

● 调味料

盐……………1/2小匙
鸡精…………1/4小匙

● 做法

1. 乌骨鸡肉剁小块，放入沸水中汆烫去脏血，再捞出用冷水冲凉洗净，放入汤锅中备用。

2. 番茄、胡萝卜洗净切小块；芹菜择去老叶，洗净；香菜茎、蒜头洗净，一起加入汤锅中，再加入水。

3. 以中火煮至滚沸，去除浮沫，再转小火，盖上锅盖煮约1.5小时，关火起锅后，加入所有调味料调味即可。

49 | 白果萝卜鸡汤

● 材料

土鸡肉…………200克
鲜白果…………40克
白萝卜…………100克
红枣………………5颗
姜片………………15克
水…………500毫升

● 调味料

盐……………3/4小匙
鸡精…………1/4小匙

● 做法

1. 土鸡肉剁小块，放入沸水中汆烫去脏血，再捞出用冷水冲凉洗净，备用。

2. 白萝卜去皮洗净后切小块，与土鸡肉块、白果、红枣、姜片一起放入汤盅中，再加入水，盖上保鲜膜。

3. 将汤盅放入蒸笼中，以中火蒸约1.5小时，关火取出后，加入所有调味料调味即可。

50 | 麻笋福菜鸡汤

◉ 材料

乌鸡·················1/2只
麻笋·················1/2支
姜·····················30克
福菜·················80克
水·················1500毫升

◉ 调味料

盐·················1小匙

◉ 做法

1. 乌鸡洗净剁小块，放入沸水中余烫去除血水，捞出沥干水分备用。
2. 麻笋洗净切片；福菜以水浸泡，洗去沙粒后切小段；姜去皮洗净拍碎备用。
3. 取一汤锅，加入1500毫升水，加入做法1、做法2的所有食材，以小火煮约1小时，再加盐调味即可。

51 | 金针菇鸡汤

◉ 材料

金针菇·················1包
鸡胸肉·············100克
姜片·················少许
胡萝卜片·············20克
葱段·················10克
水·················500毫升
淀粉·················少许

◉ 调味料

A 盐 ·················少许
　 糖 ·················少许
　 胡椒粉·············少许
B 香油·················少许
　 生抽·················少许

◉ 做法

1. 将金针菇去头洗净备用；鸡胸肉洗净切片，加入生抽、淀粉腌10分钟。
2. 取锅装水加热，水沸后放入姜片、胡萝卜片与腌好的鸡肉片，以小火煮沸，再放入金针菇与调味料A略拌，最后加入葱段、淋上香油即可。

52 | 紫苏梅竹笋煲鸡腿

● 材料

鸡腿肉…………250克
绿竹笋…………300克
紫苏梅…………6颗
姜片……………5克
水………………1300毫升

● 调味料

盐………………少许
鸡精……………少许

● 做法

1. 鸡腿肉洗净，放入沸水中汆烫去除血水，捞起以冷水洗净，备用。
2. 绿竹笋洗净，切成块，备用。
3. 取一砂锅，放入1300毫升水以中火煮至沸腾，放入鸡腿肉、绿竹笋块，转小火继续煮约30分钟。
4. 将紫苏梅、姜片放入砂锅中，以小火再煮30分钟后，加入所有调味料拌匀即可。

53 | 啤酒鸡汤

● 材料

鸡腿……………2个
胡萝卜…………30克
姜………………10克
小葱……………1根
洋葱……………1/2个
啤酒……………330毫升
水………………300毫升

● 调味料

香油……………1大匙
盐………………少许
白胡椒粉………少许

● 做法

1. 鸡腿洗净，切成大块备用。
2. 胡萝卜、姜洗净切片；小葱洗净切段；洋葱去皮洗净切丝备用。
3. 起一油锅，加入鸡腿块，以中火慢慢炒至呈金黄色。
4. 锅中加入做法2的全部材料与所有调味料，继续炒约1分钟，再倒入啤酒与水。
5. 盖上锅盖，以小火煮约30分钟即可。

54 | 鸡肉豆腐蔬菜汤

● 材料

鸡肉……………200克
冻豆腐……………1块
番茄……………1个
大白菜……………50克
秀珍菇……………50克
洋葱……………20克
水……………2000毫升

● 调味料

盐……………少许

● 做法

1. 鸡肉洗净，放入沸水中汆烫去除血水，捞起以冷水洗净；秀珍菇洗净，备用。
2. 番茄、大白菜、洋葱洗净，切成块；冻豆腐切成块，备用。
3. 取一汤锅，放入2000毫升水以大火煮至沸腾，转小火加入鸡肉，煮约20分钟。
4. 将其余材料放入汤锅中，以小火继续煮30分钟，起锅前加入盐调味即可。

55 | 南洋椰子鸡

● 材料

椰肉…………… 适量
椰子水…… 150毫升
椰子…………… 1个
鸡肉………… 200克
香茅…………… 1根
柠檬叶………… 2片
南姜…………… 3块
椰奶……… 100毫升
香菜 …………… 少许

● 调味料

盐………… 1/2小匙
鱼露………… 1小匙

● 做法

1. 椰子从1/4处横切开后，倒出椰子水备用，并将果肉挖取出来备用，椰子壳留下备用；鸡肉洗净切块，过水汆烫备用。
2. 除了香菜外，将所有的材料及调味料放入椰子壳中，并在开口处封上一层保鲜膜。
3. 将椰子壳放入蒸笼，以大火蒸1小时后取出，最后放上香菜即可。

56 | 槟榔心凤爪汤

● 材料

槟榔心…………300克
凤爪……………150克
嫩姜………………5克
高汤…………500毫升

● 调味料

盐………………1大匙
砂糖……………1小匙
米酒……………1大匙

● 做法

1. 槟榔心洗净沥干后，切长片；凤爪去爪甲后，洗净沥干；嫩姜洗净沥干，切片备用。

2. 取汤锅，将高汤、槟榔心、凤爪、嫩姜片和所有调味料放入，煮至滚沸即可。

57 | 笋片凤爪汤

材料
麻笋···········300克
鸡爪···········150克
水发香菇·······5朵
干红枣·········5颗
水···········800毫升

调味料
盐···········适量

做法
1. 鸡爪切除爪甲后，放入沸水中氽烫去杂质，捞起冲洗干净；干红枣洗净；麻笋煮熟去壳切滚刀块，备用。
2. 将做法1的材料、水放入汤锅中煮至沸腾，转小火继续熬煮至汤鲜味甜。
3. 熄火前加入盐调味即可。

58 | 香菇凤爪汤

材料
鸡爪···········300克
花生···········100克
干香菇·········30克
老姜片·········10克
青木瓜·········150克
水···········2000毫升

调味料
料酒···········1大匙
盐···········少许

做法
1. 鸡爪切除爪甲，放入沸水中氽烫去血水后取出，以冷水洗净，备用。
2. 花生在水中浸泡约5小时；干香菇洗净泡软、切成块，备用。
3. 青木瓜去皮、去籽，切块备用。
4. 取一汤锅，放入2000毫升水、鸡爪、花生煮至沸腾。
5. 将其他材料放入汤锅中，转小火继续煮约1小时，起锅前加入所有调味料拌匀即可。

59 | 酸菜鸭汤

● 材料

鸭肉⋯⋯⋯⋯⋯900克
酸菜⋯⋯⋯⋯⋯300克
姜片⋯⋯⋯⋯⋯30克
水⋯⋯⋯⋯⋯3000毫升

● 调味料

盐⋯⋯⋯⋯⋯⋯1小匙
鸡精⋯⋯⋯⋯⋯1/2小匙
米酒⋯⋯⋯⋯⋯3大匙

● 做法

1. 鸭肉洗净切块，放入沸水中略汆烫后，捞起冲水洗净，沥干备用。
2. 酸菜洗净切片备用。
3. 取锅，放入鸭肉、姜片和水，以大火煮至滚沸。
4. 转小火煮约40分钟后，再加入做法2的酸菜片和调味料，煮至入味即可。

Tips 好汤有技巧

酸菜鸭最好使用客家咸菜来烹煮，味道会比较甘醇，而且不会那么咸。

60 | 烧鸭芥菜汤

● 材料

烧鸭骨架···········1个
芥菜··············150克
姜片··············20克
水············1000毫升

● 调味料

盐·············1/2小匙
胡椒粉·········1/4小匙

● 做法

1. 将烧鸭骨架剁小块，放入沸水中余烫，捞出洗净沥干备用。
2. 芥菜洗净切段备用。
3. 取一汤锅，倒入1000毫升水以大火烧开，放入姜片、烧鸭骨架、芥菜，改小火煮约10分钟，加入所有调味料拌匀即可。

tips 好汤有技巧

"火鸭"就是指明火烧烤的鸭子，所以一般所说的烤鸭、烧鸭等都是火鸭。如果是宴客，选用较好的部位会比较讨喜，自家享用时，可选择骨架或是肉比较少的部位，例如鸭脖子来熬高汤。

61 | 苦瓜排骨汤

● 材料

排骨…………600克
苦瓜…………600克
小鱼干…………适量
豆豉…………适量
姜片…………15克
水…………2500毫升

● 调味料

盐…………1小匙
冰糖…………1小匙
米酒…………1大匙

● 做法

1. 排骨洗净，放入沸水中略汆烫，捞出冲水洗净，沥干备用。

2. 苦瓜洗净，去籽并刮除白膜后切块备用。

3. 取锅，将排骨、苦瓜块和姜片放入，加水，以大火煮至滚沸后，先改小火，再放入小鱼干和豆豉煮约50分钟后，加入调味料煮至入味即可。

Tips 好汤有技巧

煮汤时，要先以大火煮至滚沸逼出浮沫杂质，再以接近炉心的小火慢慢熬煮，让食材炖透，鲜味留于汤中。但切忌火力忽大忽小，这样会影响高汤的风味。

62 | 黄花菜排骨汤

● 材料

排骨⋯⋯⋯⋯⋯600克
黄花菜⋯⋯⋯⋯40克
姜片⋯⋯⋯⋯⋯20克
水⋯⋯⋯⋯⋯2000毫升
芹菜末⋯⋯⋯⋯适量
胡椒粉⋯⋯⋯⋯少许
香油⋯⋯⋯⋯⋯少许

● 调味料

盐⋯⋯⋯⋯⋯⋯1小匙
鸡精⋯⋯⋯⋯1/2小匙
冰糖⋯⋯⋯⋯⋯1小匙
米酒⋯⋯⋯⋯⋯1大匙

● 做法

1. 黄花菜以水浸泡后洗净，沥干水分；排骨洗净，放入沸水中略汆烫，捞出略冲水洗净，沥干备用。

2. 取锅，将排骨和姜片放入，加水，以大火煮至滚沸后，改转小火再煮约40分钟。

3. 放入黄花菜和调味料煮至入味，食用前再加入芹菜末、胡椒粉和香油即可。

63 萝卜排骨汤

● 材料
排骨·············600克
白萝卜··········800克
水············2500毫升
香菜··············适量
胡椒粉············少许

● 调味料
盐············1/3大匙
冰糖············1小匙
鸡精············1小匙

● 做法
1. 排骨洗净，放入沸水中略汆烫，捞出略冲水洗净，沥干备用。
2. 白萝卜洗净，去皮切块备用。
3. 取锅，将排骨、水和白萝卜块放入，以大火煮至滚沸后，转小火煮约60分钟，加入调味料煮至入味。
4. 食用前再加入香菜和胡椒粉即可。

Tips 好汤有技巧 ·············
炖煮肉类时，多少会有油水或杂质出来，因此要把会破坏高汤品质的东西清除，这样除了可以让高汤更清澈，还不会吃到过多的油脂。

64 当归花生猪脚汤

● 材料
猪前脚··········250克
老姜片···········15克
花生仁··········2大匙
当归··············2片
红枣··············5颗
葱（取葱白）·····2根
水············800毫升

● 调味料
盐············1/2小匙
鸡精··········1/2小匙
料酒············1小匙

● 做法
1. 花生仁以水泡8小时后沥干，当归、红枣洗净。
2. 猪前脚剁块、汆烫洗净，备用。
3. 姜片、葱白用牙签串起，备用。
4. 取电锅内锅，放入所有材料，再加入800毫升水及调味料。
5. 将内锅放入电锅里，外锅加入2杯水，盖上锅盖、按下开关，煮至开关跳起后，捞除姜片、葱白即可。

65 | 排骨玉米汤

● 材料
排骨·············· 600克
玉米·············· 3根
水·············· 2000毫升

● 调味料
盐·············· 1/3大匙
味精·············· 1/3大匙
香油·············· 适量

● 做法
1. 将排骨洗净，用热水汆烫去血水后，捞起洗净沥干备用；玉米洗净切段备用。
2. 将所有材料及调味料一起放入锅内，加热煮沸后改中火煮5~8分钟，加盖后即可熄火，盛入保温焖烧锅中，焖约2小时即可。

ips 好汤有技巧··············
　一般来说排骨汤至少都要熬20~30分钟，这样肉质才会软，高汤才会够味。但是如果不想那么浪费燃气，可以在煮沸后再煮约5分钟，再倒入焖烧锅中焖约2小时，也会有熬很久的效果。

66 | 山药炖排骨

● 材料
山药·············200克
排骨·············300克
胡萝卜··········· 20克
姜·············8克
鸡高汤·······800毫升
（做法参考P16）

● 调味料
米酒·············2大匙
盐·············少许

● 做法
1. 山药去皮切块，洗净泡冷水备用。
2. 排骨切成小块，洗净后放入沸水中汆烫约2分钟，捞起沥干备用。
3. 胡萝卜、姜洗净切片备用。
4. 取汤锅，依序加入山药、排骨、胡萝卜、姜、所有调味料和鸡高汤。
5. 盖上锅盖，用中火炖煮约60分钟即可。

67 | 脆笋排骨汤

● 材料

排骨…………600克
脆笋…………250克
姜片…………15克
水…………3000毫升

● 调味料

盐…………1小匙
鸡精…………1小匙
米酒…………1大匙
胡椒粉…………少许

● 做法

1. 脆笋用水泡约1小时后，捞出放入沸水中略汆烫，捞起沥干备用。

2. 排骨洗净，放入沸水中略汆烫，捞出略冲水洗净，沥干备用。

3. 取锅，将排骨、脆笋和姜片放入，加入水，以大火煮至滚沸后，转小火再煮约60分钟。

4. 加入所有调味料煮入味即可。

68 | 莲藕排骨汤

◎ 材料

梅花猪排骨……300克
（肩部排骨）
莲藕……………200克
姜………………3片
水…………2000毫升

◎ 调味料

盐………………1小匙

◎ 做法

1. 将排骨放入沸水中汆烫，捞起洗净备用。
2. 莲藕去皮洗净切滚刀块，备用。
3. 将排骨、莲藕放入汤锅中，加入水和姜片，以小火煮约4小时，最后加盐调味即可。

Tips 好汤有技巧

　　莲藕的皮很薄，如果削皮的技术不好，会削去很多的莲藕肉。可以用刀背来刮除莲藕皮，这样可以避免刮掉较多的莲藕肉。此外，莲藕是很容易氧化的食材，如果不希望去皮之后的莲藕变黑，在削皮之后要立刻将其浸泡在加了白醋的水中，这样就可以延缓莲藕氧化变黑，让你煮出的莲藕汤清亮可口。

69 | 土豆排骨汤

● 材料

土豆···············1个
排骨···········200克
水···········800毫升
姜丝············20克
葱················1根

● 调味料

盐················1小匙
香菇粉··········1小匙
米酒············2小匙
香油············1小匙

● 做法

1. 土豆去皮洗净切块；排骨氽烫后洗净沥干；葱洗净切成葱花，备用。
2. 将土豆块、盐、香菇粉、米酒、水、姜丝与排骨，一同入锅煮至沸腾。
3. 再以小火煮约30分钟后，加入香油与葱花即可。

70 | 苹果海带排骨汤

● 材料

排骨···········300克
苹果············1个
干海带··········20克
姜丝············10克
水·········2000毫升

● 调味料

盐················少许

● 做法

1. 排骨洗净，放入沸水中氽烫去除血水，捞起以冷水洗净，备用。
2. 苹果洗净，去籽、切块；海带切成条、以冷水浸泡，备用。
3. 取一汤锅，放入排骨、苹果块、海带条与2000毫升水，以小火煮约30分钟。
4. 将姜丝放入汤锅中，以小火继续煮约1小时，起锅前加入盐调味即可。

71 | 花生排骨汤

◉ 材料
花生罐头·········· 1罐
排骨············· 300克
水················ 5杯

◉ 调味料
盐················ 适量

◉ 做法
1. 将排骨洗净，先用热水汆烫去除血水，再捞起，用清水洗净备用。
2. 取另一只锅，加水煮沸后，放入排骨一起煮至熟且微烂，需用中火煮约30分钟。
3. 倒入花生罐头（含汤汁）一起煮沸，再加入适量盐即可。

Tips 好汤有技巧
排骨也可改为鸡腿或其他肉类，或者放入电锅中炖，也非常方便。

72 | 番茄银耳排骨汤

◉ 材料
排骨·············300克
番茄·············2个
干银耳···········50克
水···········2000毫升

◉ 调味料
盐··············少许
鸡精············少许

◉ 做法
1. 排骨洗净，放入沸水中汆烫，去除血水，捞起以冷水洗净，备用。
2. 番茄洗净切块；银耳以冷水浸泡至软、去除硬头，备用。
3. 取一砂锅，放入排骨，加入2000毫升水以大火煮至沸腾，转小火继续煮约30分钟。
4. 将番茄块、银耳加入砂锅中，以小火继续煮约1小时，起锅前加入所有调味料拌匀即可。

73 | 排骨酥汤

材料

排骨350克、白萝卜块300克、葱段适量、蒜头适量、香菜适量、地瓜粉适量、鸡高汤1600毫升

腌料

酱油1小匙、盐少许、糖少许、米酒1大匙、胡椒粉1/4小匙、五香粉少许、鸡蛋1/3个

调味料

盐1/2小匙、鸡精1/2小匙、冰糖少许

做法

1. 将排骨和腌料放入大碗中混合拌匀，腌约60分钟至入味后，均匀沾裹上地瓜粉。
2. 取锅，加入半锅油烧热至油温约170℃，放入腌排骨、葱段和蒜头炸至排骨浮起至油面，捞起沥油备用。
3. 将鸡高汤和调味料放入锅中煮至滚沸。
4. 取一容器，放入白萝卜块、炸好的排骨、葱段和蒜头，加入做法3的高汤至八分满，放入电锅中，外锅加入2杯水，煮至开关跳起，再焖约10分钟后倒入碗中，食用前加入香菜即可。

74 | 草菇排骨汤

● 材料

排骨300克、罐头草菇300克、香菜适量、鸡高汤1200毫升

● 腌料

酱油1/2小匙、盐少许、糖少许、胡椒粉1/4小匙、乌醋少许、米酒1大匙、鸡蛋1/2个

● 调味料

盐1/2小匙、鸡精1/4小匙

● 做法

1. 将排骨洗净，放入大碗中，加入所有腌料混合拌匀，腌约30分钟至入味后，加入地瓜粉（分量外）拌匀。

2. 取锅，加入半锅油烧热至油温约170℃，放入腌排骨炸至排骨浮起至油面，即捞起沥油备用。

3. 将罐头草菇放入沸水中略氽烫，捞出备用。

4. 取锅，加入鸡高汤煮沸，再加入调味料、草菇和炸好的排骨酥，煮至滚沸后，加入香菜即可。

75 | 猪脚汤

● 材料

猪脚 ··········· 1500克
姜片 ············· 30克
葱段 ············· 30克
胡椒粒 ··········· 10克
水 ··········· 4500毫升

● 调味料

米酒 ··········· 200毫升
盐 ··············· 1/2大匙
鸡精 ··············· 1小匙
冰糖 ··············· 1小匙

● 做法

1. 猪脚洗净，放入沸水中氽烫，捞出冲洗沥干备用。

2. 取锅，放入猪脚、姜片、葱段、胡椒粒、水和150毫升米酒，以大火煮沸。

3. 转小火煮约90分钟，加入其他所有调味料，再煮约15分钟后焖一下，捞出备用。

4. 食用前切小块盛入碗中，加入适量做法3的汤汁，放上姜丝（分量外）即可。

Tips 好汤有技巧················

　　通常会选用前腿来卤煮猪脚，因为前腿肉质较多。而猪皮拥有丰富的胶质，可以美容养颜，想要香Q且不油不腻的口感，就要巧妙地除去多余油脂，方法是将猪脚先放入沸水中氽烫，再放入冰水中冰镇洗净，之后以小火慢慢熬煮。

76 | 薏米猪脚汤

■ 材料

猪脚…………300克
薏米…………150克
山药…………30克
莲子…………20克
姜……………10克
鸡高汤………700毫升
（做法参考P16）

■ 调味料

米酒…………2大匙
香油…………少许
盐……………少许

■ 做法

1. 猪脚洗净，去除脚毛，剁成小块，放入沸水中汆烫5分钟，捞起沥干备用。
2. 薏米、莲子洗净，以冷水浸泡约20分钟备用。
3. 山药洗净去皮，切滚刀块；姜洗净切片备用。
4. 取一汤锅，依序加入猪脚、鸡高汤、薏米、莲子和山药块、姜片，再加入所有调味料。
5. 盖上锅盖，以中小火炖煮约45分钟即可。

77 | 通草猪脚花生汤

■ 材料

通草1克、黄芪10克、当归1片、红花1小匙、猪脚300克、花生仁30克、酒30毫升、姜3片、水2000毫升、盐适量、罗勒1片

■ 做法

1. 取碗，将花生仁放至浓度为1%的盐水中泡至软，备用。
2. 所有材料洗净；取棉袋，将黄芪及当归包起备用。
3. 猪脚洗净后，放入沸水中汆烫去除血水，再捞起用冷水冲洗干净。
4. 取汤锅，加入水、姜片、猪脚、花生仁、药包袋及通草，一起煮至滚沸即转小火，待其慢炖至猪脚、花生仁完全熟透酥烂且通草变透明状。
5. 加入红花及酒，搅拌至煮开后，盛碗。
6. 碗中加入罗勒作装饰，再依个人喜好加入盐调味即可。

78 | 腌笃鲜

● 材料

腌肉…………………300克
五花肉………………300克
鲜笋…………………2根
葱段…………………10克
姜……………………2片
百叶结………………100克
上海青………………3棵
水……………………2500毫升

● 调味料

米酒…………………1大匙

● 做法

1. 家乡肉、五花肉切块；鲜笋切滚刀块；上海青洗净切小段。

2. 取锅，加水（分量外）煮沸，放入五花肉块及葱段、姜片、米酒，再次煮沸后，以小火煮约10分钟后捞起洗净。

3. 取一砂锅，加水煮沸，放入家乡肉块、笋块及五花肉块，以小火煮约80分钟，至汤成奶白色。

4. 放入百叶结继续煮约20分钟，上桌前加入上海青段即可。

Tips 好汤有技巧

这道汤完全不用另外调味，味道完全来自腌肉的咸味及鲜笋的甜味。腌肉可以使用家乡肉或金华火腿，家乡肉是初腌的猪腿肉，味道没那么咸，金华火腿则腌制较久，味道较重。

79 | 榨菜肉丝汤

◈ 材料
猪瘦肉丝⋯⋯⋯80克
榨菜丝⋯⋯⋯⋯60克
姜丝⋯⋯⋯⋯⋯10克
上海青⋯⋯⋯⋯1棵
淀粉⋯⋯⋯⋯⋯1小匙
水⋯⋯⋯⋯⋯800毫升

◈ 调味料
盐⋯⋯⋯⋯⋯1/4小匙
胡椒粉⋯⋯⋯1/4小匙
香油⋯⋯⋯⋯1/2小匙
绍兴酒⋯⋯⋯⋯1小匙

◈ 做法
1. 猪瘦肉丝洗净，沥干水分后，加入淀粉抓匀备用。
2. 榨菜丝以清水略冲洗以去咸味，上海青洗净切丝备用。
3. 取一汤锅，倒入800毫升水以大火烧开，加入姜丝及榨菜丝继续煮约3分钟，转小火，放入猪瘦肉丝，用筷子搅散，最后加入所有调味料与上海青丝，继续煮约1分钟即可。

80 | 木须肉丝汤

◈ 材料
猪肉丝⋯⋯⋯⋯60克
黑木耳丝⋯⋯⋯50克
胡萝卜丝⋯⋯⋯10克
姜丝⋯⋯⋯⋯⋯10克
葱花⋯⋯⋯⋯⋯少许
水⋯⋯⋯⋯⋯500毫升

◈ 调味料
A
盐⋯⋯⋯⋯⋯⋯少许
糖⋯⋯⋯⋯⋯⋯少许
胡椒粉⋯⋯⋯⋯少许
B
香油⋯⋯⋯⋯⋯少许

◈ 腌料
淀粉⋯⋯⋯⋯⋯少许
米酒⋯⋯⋯⋯⋯少许

◈ 做法
1. 将猪肉丝加入腌料腌约5分钟。
2. 取锅加水烧热，水开后，加入腌好的猪肉丝、黑木耳丝、胡萝卜丝与姜丝，煮至肉色变白，放入调味料A，最后撒入葱花，淋上香油即可。

81 | 莲子瘦肉汤

◎ 材料

猪腱·············250克
莲子·············80克
姜片·············20克
水·············700毫升

◎ 调味料

盐·············1小匙

◎ 做法

1. 莲子以热水泡软，沥干去心备用。
2. 猪腱切大块，放入沸水中氽烫后捞出备用。
3. 将莲子、猪腱块、姜片、水和调味料放入电锅内锅，按下"煮粥"键，煮至开关跳起，捞出姜片即可。

82 | 冬瓜薏米 瘦肉汤

◎ 材料

冬瓜300克、瘦肉片200克、薏米100克、姜片10克、水2000毫升

◎ 调味料

盐1小匙

◎ 做法

1. 冬瓜洗净去籽、切成厚片；瘦肉片放入沸水中氽烫至表面变白，备用。
2. 薏米洗净，以冷水浸泡约3小时后取出沥干，备用。
3. 取一汤锅，放入薏米与2000毫升水，以小火煮约30分钟。
4. 将剩余材料放入锅中，以小火煮约30分钟，起锅前加入盐调味即可。

83 | 菱角瘦肉汤

◎ 材料

猪腱·············300克
菱角肉·········150克
姜·····················3片
水·············1000毫升

◎ 调味料

盐·····················1小匙

◎ 做法

1. 猪腱切块，放入沸水中氽烫，捞起洗净备用。
2. 菱角肉洗净切块，放入沸水中氽烫，捞起备用。
3. 将猪腱和菱角肉放入汤锅中，加入姜片和水，以小火煮约4小时，再加盐调味即可。

84 | 福菜五花肉片汤

● 材料

五花肉片………150克
福菜………………75克
姜丝………………15克
猪骨高汤……900毫升

● 调味料

盐………………1/2小匙
鸡精……………1/2小匙
米酒………………1小匙
香油………………少许

● 做法

1. 福菜洗净切丝；五花肉片放入沸水中氽烫一下，捞出备用。
2. 锅中倒入猪骨高汤和福菜丝煮沸，再放入五花肉片和姜丝继续煮，再度煮沸后转小火煮约10分钟，最后放入所有调味料拌匀即可。

Tips 好汤有技巧

客家福菜是酸菜的再制品，是将酸菜制成后再度晒干而成。因为盐放得较多，味道不会变酸，再放进罐中压紧，去除空气后便不容易变坏。

85 | 芹菜黄花肉片汤

◎ 材料
瘦肉…………150克
鱼皮…………100克
芹菜…………50克
干黄花菜………20克
黑木耳…………20克
胡萝卜…………30克
姜片……………5克
水…………1300毫升

◎ 调味料
盐………………少许
米酒…………1/2大匙
香油……………1小匙

◎ 做法
1. 瘦肉切片、鱼皮切段，放入沸水中汆烫至表面变白，备用。
2. 干黄花菜洗净、打结；胡萝卜洗净、切片；黑木耳泡软、洗净切片；芹菜洗净、切段，备用。
3. 取一汤锅，放入1300毫升水，以大火煮沸后，加入瘦肉与黄花菜、黑木耳，转小火继续煮约30分钟。
4. 将鱼皮段与胡萝卜片、芹菜段、姜片放入汤锅中，以小火煮约20分钟后，加入所有调味料拌匀即可。

86 | 黄瓜肉片汤

● 材料

黄瓜·············· 120克
猪瘦肉·············· 50克
胡萝卜片·········· 少许
虾米················ 1小匙
淀粉············· 1/2小匙
水·············· 800毫升

● 调味料

盐············· 1/2小匙

● 做法

1. 将黄瓜洗净，去皮后切成厚约0.5厘米的三角形片，备用。

2. 猪瘦肉洗净，沥干水分，切片后放入碗中，加入淀粉抓匀，再放入适量沸水中汆烫至变色后捞出，沥干水分备用。

3. 取一汤锅，加入800毫升水，以中大火烧开，放入虾米，改中小火继续煮约3分钟，捞出虾米（可不捞出），再放入黄瓜片和胡萝卜片，以小火煮约3分钟，最后放入肉片及盐至再次煮沸即可。

87 | 剑笋霉干菜肉片汤

● 材料

剑笋·············· 100克
霉干菜·············· 50克
猪瘦肉·············· 50克
嫩姜················ 20克
猪骨高汤······ 400毫升

● 调味料

盐············· 1/2小匙
砂糖············· 1大匙
米酒············· 1大匙

● 做法

1. 剑笋洗净后沥干；霉干菜洗净沥干后，改刀；嫩姜洗净沥干后，切片；猪瘦肉洗净切薄片备用。

2. 取汤锅，将猪骨高汤、剑笋、霉干菜、嫩姜片和所有调味料放入，煮15~20分钟后，放入瘦肉片煮熟即可。

88 | 蛋包瓜仔肉汤

● 材料
瘦肉…………300克
鱼浆…………200克
猪骨高汤…1600毫升
罐头酱瓜………250克
鸭蛋………………4个

● 腌料
酱油……………1小匙
糖………………少许
盐………………少许
米酒…………1/2大匙
胡椒粉…………少许

● 调味料
盐……………1/2 小匙
冰糖…………1/2小匙
鸡精…………1/2小匙

● 做法
1. 瘦肉洗净切条，加入全部腌料混合拌匀，腌约30分钟，再加入少许淀粉（材料外）拌匀，最后加入鱼浆拌匀至有黏性。
2. 取锅，加入猪骨高汤、酱瓜汤和酱瓜，以大火煮沸，放入做法1的材料煮熟，加入调味料拌匀，盛入碗中。
3. 取锅，加入半锅水煮滚，转小火，打入鸭蛋，煮成七八分熟的蛋包，捞出备用。
4. 食用前将蛋包放入盛有汤的碗中即可。

89 | 荔枝肉块汤

● 材料

五花肉	200克
胡萝卜	20克
荔枝	10颗
竹笋	1/2
小葱	1根
高汤	700毫升

● 调味料

白胡椒粉	少许
米酒	2大匙
酱油	1小匙
香油	少许
盐	少许

● 做法

1. 五花肉洗净切成长条，放入沸水中汆烫，捞起沥干备用。
2. 胡萝卜、竹笋洗净切滚刀块；小葱洗净切段；荔枝去壳去核备用。
3. 取一个汤碗，加入五花肉块和做法2的全部材料，再加入所有调味料。
4. 汤碗中倒入高汤，放入电锅中，外锅加1.5杯水，蒸煮约20分钟即可。

90 | 瓜丁汤

● 材料

去皮冬瓜	120克
猪瘦肉	80克
干香菇	4朵
豌豆	1大匙
淀粉	1/2小匙
水	800毫升

● 调味料

盐	1/2茶匙

● 做法

1. 去皮冬瓜洗净，切成1.5厘米见方的丁；香菇洗净后泡软，切成相同大小的方丁备用。
2. 猪瘦肉洗净，沥干水分后切丁，以淀粉抓匀，放入沸水中汆烫备用。
3. 取一汤锅，倒入800毫升水，以大火烧开，加入豌豆、冬瓜丁、香菇丁与猪肉丁，转小火继续煮约20分钟，以盐调味即可。

91 | 秀珍菇肉末蛋花汤

材料

秀珍菇·············50克
猪瘦肉末·········30克
鸡蛋·················1个
葱末·················少许
水·················800毫升

调味料

盐·················1/2小匙
胡椒粉·············1/2小匙
香油·················少许

做法

1. 秀珍菇洗净，沥干水分备用。
2. 鸡蛋打入碗中，搅散成蛋汁备用。
3. 取一汤锅，倒入800毫升水，以大火烧开，改小火放入猪瘦肉泥，用汤匙搅散猪瘦肉末，待再次煮沸后捞出浮沫。
4. 放入秀珍菇并以盐调味，继续煮约5分钟，趁小沸时慢慢淋入蛋液，边搅边煮至蛋花均匀，熄火加入葱末、胡椒粉及香油拌匀即可。

92 | 苏格兰羊肉汤

材料

羊腩·············300克
洋葱·············150克
西蓝花茎········100克
燕麦片·············50克
牛骨高汤··3000毫升
（做法参考P17）
胡萝卜·············50克

调味料

胡椒粒·············10克
白酒·············30毫升
盐·················1.5茶匙

做法

1. 将羊腩洗净，切成约4厘米见方的块。
2. 洋葱和胡萝卜洗净，去皮后切成大片；西蓝花茎洗净，去皮切粒，备用。
3. 将做法1、做法2的材料及牛骨高汤、胡椒粒、白酒放入汤锅中，以小火炖煮约1小时，加入盐调味，再加入燕麦片继续煮约10分钟即可。

93 | 姜丝羊肉汤

● 材料

羊大骨⋯⋯⋯⋯900克
水⋯⋯⋯⋯3200毫升
姜片⋯⋯⋯⋯25克
桂皮⋯⋯⋯⋯10克
香叶⋯⋯⋯⋯3片
羊肉⋯⋯⋯⋯160克
姜丝⋯⋯⋯⋯15克

● 调味料

米酒⋯⋯⋯⋯1大匙
盐⋯⋯⋯⋯1/4小匙
鸡精⋯⋯⋯⋯少许

● 做法

1. 羊大骨洗净，放入沸水中汆烫后，捞起冲水洗净，沥干备用。
2. 取锅，加入水、姜片、桂皮、香叶、米酒和羊大骨煮至沸腾，转小火煮约80分钟后，沥出羊高汤备用。
3. 羊肉洗净，切片备用。
4. 取锅，加入600毫升羊高汤煮沸，再放入羊肉片和姜丝煮至肉片变色。
5. 加入调味料煮匀，盛入碗中，放上姜丝即可。

94 | 四神汤

● 材料

A
猪大骨············600克
猪小肠············900克
水············ 5000毫升
B
当归················10克
川芎··················6克
山药················30克
茯苓················30克
莲子················40克
芡实················80克
薏米·············150克

● 调味料

米酒············200毫升
盐·············1/2大匙
鸡精················1小匙
冰糖·············1/2小匙

● 做法

1. 猪大骨洗净，放入锅中，加入适量姜片、葱段和米酒（皆材料外）余烫后，捞出冲水洗净备用。

2. 猪小肠洗净，放入沸水中余烫，捞出冲冷水备用。

3. 材料B洗净，沥干备用。

4. 取锅，放入猪大骨、猪小肠、材料B、水和米酒，以大火煮沸。

5. 转小火煮约90分钟，加入调味料拌匀。

6. 食用前将猪小肠剪成小段，盛入碗中即可。

79

95 | 猪肚汤

● 材料

猪肚·····················1个
猪骨高汤·····700毫升
姜片·····················适量
葱段·····················适量
酸菜·····················适量
姜丝·····················适量

● 调味料

盐·····················1/4小匙
鸡精·····················少许
米酒·····················少许

● 做法

1. 猪肚洗净后，翻面加盐清洗一次，再加入适量面粉和花生油(皆材料外)搓洗干净，放入沸水中余烫约10分钟后，捞起冲水洗净。
2. 猪肚放入锅中，加入姜片、葱段、米酒和可淹盖过猪肚的水量，放入电锅中，外锅加2杯水，煮至开关跳起后，将猪肚翻面，并于外锅加入2杯水，再煮至开关跳起，取出放凉切片即可。
3. 酸菜洗净切丝备用。
4. 取锅，加入猪骨高汤煮至沸腾，放入猪肚片、酸菜丝、姜丝和葱段煮至再次沸腾，加入调味料煮匀即可。

96 | 萝卜猪肚汤

● 材料

猪肚片·············150克
白萝卜块·········280克
胡萝卜块·········80克
黑木耳片·········30克
姜片·················10克
香菜·················少许
水·················750毫升

● 调味料

猪骨高汤·····250毫升
盐·················1/2小匙
鸡精·············1/2小匙
冰糖·················少许

● 做法

1. 取一汤锅，加入水及猪骨高汤，煮沸后放入猪肚片与白萝卜块煮约15分钟。
2. 锅中放入胡萝卜块、黑木耳片、姜片，煮至再度滚沸后，转小火盖上锅盖，继续煮约15分钟。
3. 锅中加入盐、鸡精、冰糖拌匀，起锅前加入香菜即可。

注：猪肚清洗方式请参考P80猪肚汤。

97 | 珍珠鲍猪肚汤

● 材料

罐头珍珠鲍	1罐
猪肚	1个
绿竹笋	1支
鲜香菇	6朵
姜	6片
水	1600毫升

● 调味料

盐	1小匙
料酒	1小匙

● 洗猪肚材料

盐	适量
面粉	适量
白醋	适量

● 做法

1. 猪肚表面用盐搓洗后，翻过来再用面粉、白醋搓洗后洗净，放入沸水中煮约5分钟，捞出浸泡在冷水中至凉，切除多余的脂肪，再切片备用。
2. 绿竹笋洗净切片；鲜香菇洗净切半，备用。
3. 取一锅，放入珍珠鲍、猪肚、绿竹笋、香菇、姜片、料酒及水，放入蒸锅中蒸约90分钟，再加盐调味即可。

98 | 笋干猪肠汤

● 材料

市售笋干猪肠结	200克
排骨	200克
姜	5片

● 调味料

水	800毫升
鸡精	2克
盐	3克

● 做法

1. 排骨放入沸水中余烫去除血水后，捞起冲洗干净；笋干猪肠结放入沸水中余烫去除杂质后捞起，备用。
2. 将排骨、水、姜片放入锅中煮至沸腾，再转小火煮约20分钟。
3. 加入所有调味料、笋干猪肠结，转大火煮至沸腾，再转小火煮约20分钟即可。

99 | 腰子汤

● 材料

猪腰子…………350克
香油……………1大匙
猪骨高汤……700毫升
姜丝……………适量
枸杞子…………适量

● 调味料

米酒…………50毫升
盐……………1/4小匙
鸡精……………少许

● 做法

1. 猪腰子洗净，切花刀后再分切成小片，放入沸水中氽烫后，捞出冲水沥干备用。

2. 取锅，加入香油，放入姜丝和猪腰子片略拌炒后，加入米酒拌炒一下。

3. 倒入猪骨高汤、枸杞子煮至滚沸，再加入其余的调味料煮匀即可。

100 | 猪下水汤

◉ 材料
猪下水·············2付
姜丝·············适量
水·············600毫升

◉ 调味料
米酒·············1大匙
盐·············1/4小匙
鸡精·············少许
香油·············少许

◉ 做法
1. 猪下水洗净，切片备用。
2. 取锅加入水煮至滚沸，放入下水煮熟，再加入所有调味料煮匀，最后盛入碗中，放上姜丝即可。

Tips 好汤有技巧
夜市中常见的下水汤，大多是用多样的鸡内脏烹煮而成，先放入沸水中烹煮适当时间，再加入调味料和姜丝起锅即可。

101 | 猪肝汤

◉ 材料
猪肝·············300克
姜丝·············适量
葱花·············适量
水·············800毫升

◉ 调味料
盐·············1/2小匙
鸡精·············1/4小匙
米酒·············1大匙
香油·············少许

◉ 做法
1. 猪肝洗净，切片备用。
2. 取锅加入水煮至滚沸，放入猪肝煮至外观变色，再加入所有调味料煮匀，最后盛入碗中，放上姜丝和葱花即可。

Tips 好汤有技巧
猪肝很容易煮熟，若煮太久其口感会变差，所以水煮沸后，放入猪肝煮至外观略变色即可。

102 | 菠菜猪肝汤

● 材料

猪肝·············200克
菠菜·············150克
姜丝··············15克
水············500毫升
淀粉·············2小匙

● 调味料

盐··············1/2小匙
白胡椒粉······1/4小匙
米酒··············1小匙

● 做法

1. 猪肝切片，用水冲约5分钟后沥干，加入淀粉抓匀，备用。
2. 菠菜洗净，摘小段备用。
3. 取汤锅倒入水，煮沸后放入姜丝和所有调味料，再放入猪肝片。
4. 煮沸后加入菠菜段，待再度沸腾后熄火即可。

ips 好汤有技巧 ·············

　　猪肝汤要分辨好坏，就要看猪肝煮得嫩不嫩；猪肝先用水冲5分钟去血水，再抓一些淀粉，这样吃起来就会既嫩又没腥味。

103 | 番茄猪肝汤

● 材料

猪肝·············100克
番茄···············1个
姜丝··············20克
水············600毫升
淀粉·············1小匙

● 调味料

盐··············1/2小匙
白胡椒粉······1/4小匙

● 做法

1. 番茄洗净切块备用。
2. 猪肝切片，用水冲约3分钟，沥干水分，加入淀粉和少许盐（分量外）抓匀，备用。
3. 水倒入汤锅中煮沸，加入猪肝片以小火煮约1分钟。
4. 锅中加入番茄块、姜丝和所有调味料，煮至再次沸腾即可。

104 | 莲子猪心汤

☀材料

瘦肉⋯⋯⋯⋯⋯150克
猪心⋯⋯⋯⋯⋯⋯1个
桂圆⋯⋯⋯⋯⋯⋯10克
莲子⋯⋯⋯⋯⋯⋯15克
红枣⋯⋯⋯⋯⋯⋯5颗
姜片⋯⋯⋯⋯⋯⋯5克
陈皮⋯⋯⋯⋯⋯⋯1克
水⋯⋯⋯⋯⋯1500毫升

☀调味料

盐⋯⋯⋯⋯⋯⋯少许
米酒⋯⋯⋯⋯⋯1大匙

☀做法

1. 瘦肉、猪心放入沸水中汆烫去血水后，捞起以冷水冲洗干净、切片，备用。
2. 取一汤锅，放入1500毫升水，以大火煮沸后，放入瘦肉片、猪心片，转小火煮约30分钟后取出，备用。
3. 将其余材料加入汤锅中，以小火再煮约30分钟。
4. 将猪心片与瘦肉片放入汤锅中，待煮沸后，加入所有调味料拌匀即可。

Tips **好汤** 有技巧

养心养神、补血养血的猪心，加上营养滋补、可消除疲劳的桂圆，与有安神作用的莲子搭配，可补血养颜润肤！

105 | 猪血汤

● 材料

猪大骨············600克
猪大肠············800克
猪血··············900克
水··············6500毫升
酸菜末············适量
韭菜段············适量

● 调味料

A
盐··················1大匙
鸡精··············1/2大匙
冰糖··············1/2大匙
B
胡椒粉············适量
沙茶酱············适量
油葱酥············适量

● 做法

1. 猪大骨和猪大肠洗净，放入加了姜片、葱段和米酒（皆材料外）的沸水中汆烫后，捞出冲水洗净，沥干备用。

2. 猪血用水略冲，切小块泡入水中备用。

3. 取锅，放入猪大骨、猪大肠和水，以大火煮沸。

4. 转小火煮约60分钟，加入猪血和调味料A煮至入味且大肠变软后，将大肠先取出切小段，再放回锅中。

5. 食用前，将做法4的材料盛入碗中，再加入酸菜末、韭菜段、胡椒粉、沙茶酱和油葱酥拌匀即可。

Tips 好汤有技巧

市场买回来的鲜鱼最好还是自己把鱼鳞再刮一遍，免得影响口感；带肉的鱼骨拿来煮汤时，要切成大块，这样吃起来口感更佳。

106 | 鲜鱼汤

◎ 材料

鲈鱼······1条
姜丝······30克
葱段······10克
水······600毫升

◎ 调味料

盐······1小匙
白胡椒粉······1/2小匙
米酒······1大匙

◎ 做法

1. 将鲈鱼洗净切块，放入沸水中汆烫备用。
2. 取汤锅，倒入水煮沸，加入鱼块和米酒煮约15分钟。
3. 加入姜丝、葱段和所有调味料煮匀即可。

107 | 上海水煮鱼汤

● 材料

鲷鱼·················50克
小黄瓜·············1条
大白菜·············50克
姜·····················10克
小葱·················1根
辣椒·················2个
香菜·················3棵
蒜头·················5颗
鸡肉高汤·····600毫升

● 调味料

花椒·················1大匙
白胡椒粉·········少许
辣椒油·············2大匙
米酒·················2大匙
盐·····················少许

● 做法

1. 鲷鱼洗净切成大片备用。

2. 小黄瓜、大白菜、姜都洗净切丝；小葱洗净切段；香菜洗净切碎；蒜头切片备用。

3. 起一油锅，加入花椒，先以小火爆香，再加入其余的调味料，以中火煮开，然后加入鲷鱼片、做法2的全部材料和鸡肉高汤。

4. 盖上锅盖，煮约10分钟即可。

108 | 生滚鱼片汤

● 材料

草鱼段…………200克
生菜……………50克
鲜香菇…………3朵
胡萝卜片………少许
姜丝……………15克
水………………800毫升

● 调味料

盐………………1/2小匙
胡椒粉…………少许
香油……………少许

● 做法

1. 将草鱼段取肉切薄片，以冷开水洗净后沥干水分备用。
2. 生菜剥下叶片，撕成小片，以冷开水洗净，放入大汤碗中，上层铺上草鱼片备用。
3. 鲜香菇洗净切小片备用。
4. 取一汤锅，倒入800毫升水，以大火烧开，放入胡萝卜片、姜丝、鲜香菇与盐，待汤汁大滚后冲入做法2的大汤碗内，撒上胡椒粉并淋上香油即可。

109 | 生菜鱼片汤

● 材料

草鱼肉…………200克
生菜……………100克
油条……………1/2根
鸡高汤…………400毫升
（做法参考P16）
葱………………1根
熟芝麻…………少许

● 调味料

盐………………1/2小匙
鸡精……………1/4小匙
胡椒粉…………1/8小匙
香油……………1/4小匙

● 做法

1. 生菜洗净、切粗丝置于汤碗中，油条切小片铺至生菜上，鱼肉洗净、擦干、切薄片，排在最上层，葱洗净、切细，与芝麻一起撒在鱼上。
2. 将鸡高汤煮沸后，加入所有调味料调匀，冲入做法1的汤碗中即可。

注：鸡汤一定要趁沸腾时淋入碗中。

110 | 金针笋豆腐鱼片汤

● 材料

金针笋············150克
嫩豆腐············100克
鱼片··············100克
胡萝卜·············30克
黑木耳·············30克
姜·················20克
鸡肉高汤·····700毫升
水·············1000毫升
香菜···············少许

● 调味料

A
盐·················1小匙
鸡精············1/2小匙
米酒············1/2大匙
B
胡椒粉·············少许
香油···············少许

● 做法

1. 金针笋洗净切段，嫩豆腐切块，胡萝卜、姜洗净切片，黑木耳洗净切片备用。
2. 取一汤锅，倒入水煮沸后，放入鱼片汆烫约30秒，捞出备用。
3. 热锅，倒入1大匙色拉油烧热，放入姜片爆香后，倒入鸡肉高汤、豆腐块、胡萝卜片、黑木耳片煮至滚沸。
4. 锅中继续放入金针笋段及调味料A煮约1分钟后，再放入鱼片煮熟，最后加入胡椒粉、香油即可。

111 | 鲈鱼雪菜汤

* 材料

金目鲈鱼	1/2条	色拉油	3大匙
雪菜	200克	* 调味料	
姜丝	10克	盐	1/2小匙
水	1000毫升	料酒	3大匙

* 做法

1. 将金目鲈鱼洗净，切成厚段，以厨房纸巾吸干水分备用。
2. 雪菜洗净切小段备用。
3. 热锅倒入3大匙色拉油，加入金目鲈鱼段以小火煎至两面略黄，加入姜丝、料酒及1000毫升水，以大火煮沸，盖上锅盖，改中小火继续煮10分钟，最后加入雪菜煮约3分钟即可。

Tips 好汤有技巧

雪菜较咸，下锅煮之前一定要以清水洗掉多余的咸味。清洗的时候将叶片在水中漂洗一下，能将叶面细缝处的杂质等充分洗净。腌渍菜具有天然的鲜味与咸味，加上烹调时间短，是既美味又省时的煮汤材料。

112 | 苦瓜鲜鱼汤

* 材料

		* 调味料	
红目鲢	300克	酱冬瓜	50克
苦瓜	350克	味精	1/2小匙
蛤蜊	150克	米酒	60毫升
姜片	20克	水	1500毫升
小鱼干	10克		
豆豉	8克		

* 做法

1. 红目鲢去皮、去头后放入沸水中，氽烫后捞出洗净备用；苦瓜去籽、去白膜，切块备用。
2. 将处理好的红目鲢与苦瓜放入锅内，加入小鱼干、豆豉、蛤蜊与所有调味料，一同以大火煮至沸腾，去除表面浮末后，再以小火煮约10分钟即可。

注：清新的苦瓜添加蛤蜊、鱼干、豆豉，可增加清香；此汤中的红目鲢亦可用其他鲜鱼替代。

113 | 冬瓜鲤鱼汤

● 材料

冬瓜	150克	色拉油	2大匙
鲤鱼	1条	水	1500毫升
姜片	2片	黄酒	1大匙
葱	1/2根	盐	1小匙

● 做法

1. 葱洗净切段备用；冬瓜洗净切块备用；鲤鱼清除内脏洗净后，用纸巾擦干鱼身备用。
2. 取一炒锅，加入2大匙色拉油，以小火爆香葱段、姜片后，再放入鲤鱼煎约1分钟，待表面呈现金黄色。
3. 锅中加入水、黄酒及冬瓜块，以大火煮沸后去除浮沫，转小火继续煮20分钟，起锅前加入盐调味即可。

Tips 好汤有技巧

鱼只需煎上色即可，不需煎熟。煎过的鱼再煮汤，汤会更加鲜美。

114 | 芥菜鲫鱼汤

● 材料

鲫鱼	1尾	水	1500毫升
葱	1/2根	盐	1小匙
芥菜	100克	色拉油	2大匙
老豆腐	1/2块	● 调味料	
姜片	2片	米酒	1大匙

● 做法

1. 葱洗净切段；芥菜洗净切片；老豆腐切丁；鲫鱼清除内脏后洗净切块备用。
2. 取一炒锅，加入2大匙色拉油，以小火爆香葱段、姜片后，用纸巾将鱼身擦干，放入锅中煎约1分钟，待表面呈现金黄色即可。
3. 加入米酒、水、芥菜及老豆腐丁，以大火煮沸后去除浮沫，再转小火煮20分钟，起锅前加入盐调味即可。

Tips 好汤有技巧

葱、姜爆香后再加入水中煮成汤，能使汤更有香气，这和未爆香就直接丢入锅中煮成汤的味道是截然不同的。

115 | 萝卜鲫鱼汤

● 材料

鲫鱼·············500克
白萝卜丝·······200克
葱段············80克
姜片············30克

● 调味料

盐·············1小匙
味精············2小匙
胡椒粉·········1/4小匙
米酒············60毫升
水···········2000毫升
香油············1大匙

● 做法

1. 将鲫鱼处理净后放入锅中，加入色拉油以中火煎约3分钟至上色备用。
2. 将鲫鱼、剩余材料与所有调味料（香油除外）一同煮至沸腾，去除表面浮末，再改中火煮至汤色变白，盛入碗中，淋入香油即可。

Tips 好汤有技巧

此为冬季美食，有白萝卜的清甜和鱼的鲜味，鲫鱼也可用其他新鲜的鱼代替。

116 | 酸圆白菜鱼汤

● 材料

虱目鱼··········300克
酸圆白菜·······150克
姜片············15克
葱花············10克
水···········1000毫升

● 调味料

盐·············1/2小匙
鸡精············1/2小匙
米酒············1/2大匙
胡椒粉···········少许

● 做法

1. 虱目鱼洗净切大片，备用。
2. 取汤锅，加入水和姜片煮沸，再放入酸圆白菜续煮约1分钟。
3. 在汤锅中放入虱目鱼片继续煮，再度煮沸后加入所有调味料，待煮至鱼片成熟，撒上葱花即可。

117 | 老萝卜干鱼汤

● 材料

虱目鱼	700克
陈年老萝卜干	30克
姜片	2片
水	1300毫升

● 调味料

鸡精	1/4小匙
米酒	1大匙
胡椒粉	少许
香油	少许

● 做法

1. 虱目鱼洗净切大块；陈年老萝卜干洗净沥干；蒜苗洗净切片，备用。
2. 将水和陈年老萝卜干倒入砂锅中，煮沸后转小火，盖上锅盖煮约15分钟，再焖约5分钟。
3. 放入虱目鱼块、姜片和米酒，盖锅盖继续煮15分钟，再放入调味料拌匀即可。

118 | 乌鱼米粉汤

● 材料

乌鱼	300克
粗米粉	200克
芹菜末	100克
油葱酥	40克

● 腌料

葱段	50克
姜片	30克
米酒	60毫升
胡椒粉	1小匙

● 调味料

鱼骨高汤	1500毫升
（做法参考P18）	
味精	2小匙
盐	1小匙
胡椒粉	1小匙
细砂糖	1大匙
米酒	30毫升

● 做法

1. 将乌鱼洗净，剁去头尾，鱼身去中骨、鱼刺后，切成小块备用。
2. 将乌鱼块与所有腌料混合拌匀，再以中火煎约3分钟至上色备用。
3. 将粗米粉与所有调味料煮至沸腾，再加入乌鱼块，改小火煮约15分钟后，加入芹菜末与油葱酥即可。

119 | 红凤菜鱼干汤

● 材料
红凤菜·········150克
小鱼干·········20克
葱··············1根
嫩姜·············5克
鸡肉高汤····300毫升

● 调味料
盐··············1大匙
砂糖···········1小匙

● 做法
1. 红凤菜洗净沥干后，摘取叶部；小鱼干略冲水后沥干；葱洗净沥干，切斜片；嫩姜洗净沥干，切丝备用。
2. 取汤锅，将鸡肉高汤、红凤菜叶、小鱼干、葱片、嫩姜片和所有调味料放入，煮至汤汁滚沸后即可。

120 | 芋香鱼头汤

● 材料

鲢鱼头约⋯⋯⋯500克
地瓜粉⋯⋯⋯⋯适量
圆白菜⋯⋯⋯⋯300克
芋头块⋯⋯⋯⋯280克
粉条⋯⋯⋯⋯⋯2把
蒜头⋯⋯⋯⋯⋯100克
红葱头⋯⋯⋯⋯80克
辣椒段⋯⋯⋯⋯30克
香菜⋯⋯⋯⋯⋯适量

● 腌料

葱段⋯⋯⋯⋯⋯60克
姜片⋯⋯⋯⋯⋯40克

胡椒粉⋯⋯⋯⋯1小匙
米酒⋯⋯⋯⋯⋯100毫升

● 调味料

酱油⋯⋯⋯⋯⋯120毫升
细砂糖⋯⋯⋯⋯3大匙
味精⋯⋯⋯⋯⋯3小匙
盐⋯⋯⋯⋯⋯⋯1小匙
乌醋⋯⋯⋯⋯⋯100毫升
鱼骨高汤⋯3000毫升
（做法参考P18）
米酒⋯⋯⋯⋯⋯120毫升

● 做法

1. 将鲢鱼头洗净，加入所有腌料拌匀，腌约30分钟后取出，均匀沾裹地瓜粉，并将多余的地瓜粉拍除，再放入油温约170℃的油锅内，以中火炸至表面呈金黄色后捞出沥干，备用。

2. 芋头块放入油温约170℃的油锅内，炸至呈金黄色后捞出备用；蒜头放入油温约150℃的油锅内，炸至呈红褐色后捞出备用。

3. 圆白菜放入沸水中汆烫至软化后捞出，铺入砂锅中备用；粉条在水中泡软后捞出，放至圆白菜上备用。

4. 红葱头爆香，加入所有调味料煮至沸腾，倒入砂锅中，再放入鲢鱼头，以小火煮约20分钟，熄火后撒上香菜即可。

121 | 鱼头香菇汤

● 材料

鲈鱼头················1个
鲜香菇················5朵
菠菜··················30克
姜丝··················20克
水···············350毫升

● 调味料

米酒················1小匙
胡椒粉·············少许
盐················1/2小匙
鸡精············1/4小匙

● 做法

1. 菠菜洗净切段；鲜香菇洗净，备用。
2. 鱼头剖半、洗净，备用。
3. 取一汤锅，加入水、姜丝、鲜香菇煮沸，再放入鱼头及所有调味料，以小火煮约5分钟，起锅前加入菠菜煮沸即可。

Tips 好汤有技巧 ....

鲜鱼取肉做鱼片，剩下的鱼头也别浪费，鱼头汤可是许多餐厅的招牌料理，你也可以在家做。

122 | 栗子红豆
鱼头汤

● 材料

栗子··················40克
红豆··················20克
红枣··················5颗
虱目鱼头············2个
姜······················2片

水···········2000毫升
盐················1小匙

● 调味料

米酒················1大匙

● 做法

1. 将栗子、红豆、红枣以水浸泡备用；虱目鱼头洗净备用。
2. 取一炒锅，加入2大匙色拉油，以小火爆香姜片后，将虱目鱼头用纸巾擦干，放入锅中煎约1分钟，待其表面呈现金黄色即可。
3. 继续加入水、米酒、栗子及红豆、红枣，以大火煮沸后去除浮沫，再转小火煮约40分钟，起锅前加入盐调味即可。

Tips 好汤有技巧 ....

这道汤需要熬煮较长的时间，才能将红豆与栗子熬到松软可口。

123 | 味噌汤

● 材料

老豆腐⋯⋯⋯⋯⋯3块
味噌⋯⋯⋯⋯⋯70克
葱花⋯⋯⋯⋯⋯适量
柴鱼片⋯⋯⋯⋯适量
水⋯⋯⋯⋯⋯1000毫升

● 调味料

糖⋯⋯⋯⋯⋯1小匙

● 做法

1. 老豆腐略冲水，切小块备用。
2. 味噌加入少许水调匀备用。
3. 取锅，加水煮至滚沸，放入老豆腐块略煮后，加入味噌以小火煮至入味。
4. 继续加入调味料拌匀，盛入碗中，再撒上葱花和柴鱼片即可。

Tips 好汤有技巧

味噌汤最好不要重复煮沸，因为味噌再次温热后会丧失香气，所以最好是煮好后立即食用。

124 | 味噌豆腐三文鱼汤

◈ 材料

三文鱼块········400克
嫩豆腐丁········1/2盒
海带芽··········适量
柴鱼片··········15克
葱花············适量
水············2000毫升

◈ 调味料

味噌············180克
味酥············15克

◈ 做法

1. 取500毫升水与味噌拌匀备用。
2. 海带芽洗净；三文鱼块放入沸水中氽烫，捞出后洗净备用。
3. 取一锅，将剩余1500毫升水煮沸后熄火，放入柴鱼片，待沉淀后捞除，重新开火，加入三文鱼块，再加入味噌水拌匀，继续放入嫩豆腐丁，待沸腾时去除浮末，立即关火，加入海带芽、葱花、味酥拌匀即可。

125 | 鲜鱼味噌汤

◈ 材料

尼罗红鱼········1条
圆白菜··········150克
盒装豆腐········1/2盒
葱花············1大匙
味噌············200克
水············800毫升
海带芽··········少许

◈ 调味料

柴鱼粉··········1小匙
米酒············1小匙

◈ 做法

1. 将尼罗红鱼洗净切块，放入沸水中氽烫，捞起备用。
2. 海带芽洗净；圆白菜洗净切片，豆腐切丁，味噌加入200毫升水调匀，备用。
3. 取汤锅，倒入剩余的水煮沸，放入圆白菜片煮约5分钟，再放入鲜鱼块，以小火煮约5分钟。
4. 加入味噌、豆腐丁和所有调味料继续煮约2分钟，撒上葱花和海带芽即可。

126 | 鲜虾美颜汤

● 材料

鲜虾·············150克
瘦肉·············100克
山药··············50克
蟹味菇···········20克
黄花菜···········30克
玉米笋···········50克
水············1800毫升

● 调味料

米酒············1大匙
盐···············少许

● 做法

1. 将瘦肉放入沸水中汆烫去除血水，捞起以冷水洗净、切片，备用。
2. 山药洗净切小块；蟹味菇洗净去头；玉米笋切段后洗净；黄花菜洗净打结，备用。
3. 取一汤锅，放入1800毫升水以大火煮至沸腾。
4. 将瘦肉片、玉米笋、黄花菜放入汤锅中，转小火煮约15分钟。
5. 将山药块、蟹味菇放入汤锅中，以小火继续煮约15分钟后，再放入鲜虾，煮约5分钟，起锅前加入所有调味料拌匀即可。

127 | 虾头味噌汤

● 材料

虾头·············16个
老豆腐···········1块
味噌············2大匙
海苔··············1片
葱花············1大匙
水············500毫升

● 调味料

糖············1/4小匙

● 做法

1. 老豆腐切丁，备用。
2. 取汤锅，将水煮沸，放入虾头、味噌、豆腐丁、糖拌匀煮沸。
3. 食用前加入海苔、葱花搭配即可。

Tips 好汤有技巧

想要省钱，购买一盒便宜白虾，自己去壳最划算，比直接购买虾仁更便宜；剩余的虾头、虾壳不要丢弃，可拿来熬汤，能让平淡的味噌汤更入味鲜甜！

128 | 冬瓜蛤蜊汤

● 材料

猪小排···········300克
冬瓜···········350克
蛤蜊···········300克
姜···········6片
水········· 2000毫升

● 调味料

盐···········1小匙
柴鱼素···········少许
料酒···········1大匙

● 做法

1. 蛤蜊放入清水中，加盐（分量外）静置，使其吐尽泥沙，备用。
2. 猪小排洗净，放入沸水中氽烫去除血水；冬瓜去皮切小块备用。
3. 取一锅，加入水煮至沸腾后，加入猪小排、冬瓜块及姜片以小火煮约40分钟。
4. 加入蛤蜊煮至蛤蜊开口后，加入所有调味料煮匀即可。

129 | 蛤蜊清汤

● 材料

蛤蜊··············8个
干海带··········20克
姜················10克
水··············400毫升

● 调味料

盐··············少许
米酒············1大匙

● 做法

1. 海带用湿布擦拭去除污垢；姜去皮切细丝，备用。
2. 蛤蜊洗净，与水、海带一起放入锅中，煮至快沸腾时将海带取出，转为小火，去除浮沫，继续煮3~4分钟至蛤蜊打开，加盐、米酒调味。
3. 将蛤蜊捞起放入碗中，撒上姜丝，再注入汤汁即可。

Tips 好汤有技巧

这是一道不使用高汤，直接煮出原材料鲜味的海鲜汤，因为其食材本身就足够甘甜鲜美。

130 | 姜丝蚬汤

● 材料

蚬················300克
姜丝··············30克
葱花··············适量
水··············800毫升

● 调味料

盐················1小匙
鸡精··············2小匙
米酒··············1小匙
香油··············1小匙

● 做法

1. 蚬浸泡在清水中使其吐尽泥沙备用。
2. 取一锅，放入800毫升水煮至沸腾，再放入姜丝、蚬煮至蚬壳打开。
3. 加入所有调味料拌匀后熄火，加入葱花、香油即可。

Tips 好汤有技巧

新鲜的牡蛎颜色较深，形状较完整；不新鲜的牡蛎色泽较白，偶尔会有牡蛎破裂的情况，若贪便宜买回去，很可能短时间内就会腐坏，而且口感也差很多。

131 | 鲜牡蛎汤

● 材料

鲜牡蛎…………200克
姜丝………………10克
罗勒………………适量
水……………500毫升

● 调味料

盐……………1/4小匙
鸡精………………少许
米酒………………1小匙

● 做法

1. 鲜牡蛎洗净，沥干备用。
2. 取锅，加入水煮沸后，放入鲜牡蛎煮熟，加入所有调味料煮匀，盛入碗中。
3. 放上姜丝和罗勒即可。

132 | 鲜牡蛎豆腐汤

● 材料

鲜牡蛎···········200克
豆腐···············1块
韭菜花···········50克
红葱头末·········25克
水···············600毫升
地瓜粉···········80克

● 调味料

盐·················1小匙
鸡精···········1/2小匙
胡椒粉···········少许

● 做法

1. 鲜牡蛎洗净，沥干水分，沾裹上地瓜粉后，放入沸水中氽烫一下捞出；豆腐切小块；韭菜花洗净切细，备用。
2. 热一锅，倒入2大匙油后，放入红葱头末爆香并炒至呈金黄色时取出，即为红葱酥油。
3. 取一汤锅，倒入水煮沸后，放入豆腐块略煮一下，再放鲜牡蛎、所有调味料一起煮至入味。
4. 最后放入韭菜花、红葱酥油拌匀即可。

133 | 酸菜鲜牡蛎汤

● 材料

鲜牡蛎···········250克
酸菜···············80克
葱花···············15克
嫩姜丝···········15克
水···············600毫升

● 调味料

盐·············1/4小匙
胡椒粉···········少许
香油···············少许
米酒···········1/2大匙

● 做法

1. 鲜牡蛎洗净沥干水分；酸菜洗净切丝，备用。
2. 取一锅，放入600毫升水煮沸，再放入酸菜丝、嫩姜丝、鲜牡蛎煮沸后，加入葱花。
3. 加入所有调味料拌匀即可。

134 | 鲜牡蛎大馄饨汤

● 材料

鲜牡蛎···········200克
肉泥·············150克
韭黄············100克
葱末·············30克
姜末·············10克
蒜末··············5克
芹菜末···········20克
香菜············少许
大馄饨皮········100克
鸡肉高汤·····700毫升

● 调味料

盐···············1小匙
鸡精···········1/2小匙
胡椒粉···········少许
香油·············少许

● 腌料

盐·············1/4小匙
糖·············1/4小匙
酱油·············1小匙
米酒·············1小匙
胡椒粉···········少许
香油·············少许

● 做法

1. 鲜牡蛎洗净，沥干水分；韭黄洗净切细，备用。

2. 取一容器，放入肉泥、姜末、蒜末、腌料搅拌均匀，腌渍约10分钟，再放入韭黄碎、葱末拌匀，即为馅料。

3. 取一张大馄饨皮放于手掌心上，将适量馅料、鲜牡蛎放在馄饨皮上，包卷成大馄饨，直到馅料或馄饨皮使用完毕。

4. 煮一锅沸水，放入包好的馄饨煮约3分钟至馄饨浮起，即可取出备用。

5. 另取一锅，倒入鸡肉高汤煮沸后，放入所有调味料、馄饨，再放入芹菜末、香菜即可。

135 | 鱿鱼螺肉汤

● 材料

螺肉罐头············1罐
干鱿鱼·············1/2只
蒜苗···············1根
蒜头···············2颗
辣椒··············1/2个
香菜···············3根
鸡肉高汤·····400毫升

● 调味料

白胡椒粉··········少许
米酒·············2大匙
香油·············1小匙
糖···············1大匙
盐···············少许

● 做法

1. 干鱿鱼剪成小段。
2. 将干鱿鱼段用冷水浸泡约20分钟至软备用。
3. 蒜苗、辣椒和蒜头都洗净，切成小片备用。
4. 取一锅，放入干鱿鱼段、做法3的所有材料。
5. 锅中倒入螺肉罐头和鸡肉高汤，并加入所有调味料。
6. 盖上锅盖，以中小火煮约20分钟即可。

Tips 好汤有技巧

干鱿鱼先剪成小段，再浸泡在冷水中，可以更快将其浸软；而且要注意不能用热水浸泡干鱿鱼，否则会让其味道流失且不会胀大，影响鱿鱼的口感。

136 | 白鲳鱼 米粉汤

❋ 材料

白鲳鱼	300克
中粗米粉	200克
干香菇	3朵
虾米	30克
蒜苗	40克
蒜酥	15克
芹菜末	10克
水（或高汤）1500毫升	

❋ 调味料

盐	1小匙
鸡精	1/2小匙
米酒	1/2大匙
白胡椒粉	1/2小匙

❋ 做法

1. 白鲳鱼洗净切大块，放入油温约160℃的油锅中炸至表面金黄，捞起沥油备用。
2. 香菇以水浸泡，洗净后切丝；虾米浸泡在水中；蒜苗洗净切段，将蒜根与蒜叶分开；米粉放入沸水中烫熟，备用。
3. 热锅，放入香菇丝、虾米、蒜白爆香，再加入水或高汤煮至沸腾。
4. 加入米粉煮沸，放入白鲳鱼块及所有调味料煮至入味，起锅前加入蒜酥、蒜叶、芹菜末即可。

137 | 海鲜汤

❋ 材料

蛤蜊200克、新鲜鲍鱼12片、乌贼片200克、鲷鱼3片、草虾仁120克、豌豆苗60克、番茄1个、洋葱1/2个、葱1根、姜5片、色拉油30毫升

❋ 腌料

A 盐5克、淀粉5克

B 盐3克、水淀粉15克、白胡椒粉5克

❋ 调味料

A 热开水1000毫升、米酒30毫升

B 盐5克、白胡椒粉5克

❋ 做法

1. 蛤蜊加500毫升水与5克盐（材料外）浸泡约1小时，使其吐沙后捞出洗净；洋葱去皮洗净切碎；葱洗净切段；番茄洗净切丁备用。
2. 草虾仁先加入腌料A抓拌，再以水冲净、吸干水分后，用腌料B腌约10分钟备用。
3. 将洋葱碎、姜片、葱段、番茄丁及色拉油放入容器内，覆盖耐热保鲜膜，用竹签戳几个小孔，以强微波加热2分钟后取出。
4. 捞除葱段、姜片，趁热加入虾仁、乌贼片、鲷鱼片、鲍鱼片、蛤蜊及调味料A拌匀，盖上盖子（微波用），以强微波加热4分钟至蛤蜊壳打开后，再加入豌豆苗及调味料B拌匀即可。

注：也可以将所有材料放入汤锅中煮熟即可。

138 | 椰奶海鲜汤

● 材料

墨鱼·············30克
香茅·············少许
椰奶···········100毫升
南姜·············2片
柠檬叶············1片
香菜梗···········少许
水···········1000毫升
蛤蜊·············4个
鲜虾·············3只

香菜·············少许
小辣椒············2个

● 调味料

柠檬汁···········1大匙
盐·············1小匙
鱼露·············2小匙
白胡椒粉··········少许
糖·············1小匙

● 做法

1. 墨鱼洗净，从内侧切花刀备用；香茅洗净切段，备用。
2. 取一汤锅，加入椰奶、南姜、香茅、柠檬叶、香菜梗、小辣椒，以小火煮约5分钟待其煮出香味。
3. 在锅中继续放入水、蛤蜊、鲜虾及所有的调味料，以中火煮约5分钟，将食材煮熟后，盛入汤碗中，加入香菜作为点缀即可。

139 | 干贝牛蛙汤

● 材料

牛蛙·············2只
蒜头·············10颗
水···········1000毫升
干贝·············10克
枸杞子············3克

● 调味料

米酒·············1大匙
盐·············少许

● 做法

1. 牛蛙洗净去皮切块备用；蒜头用170℃的油温炸成金黄色后，取出备用。
2. 取一炖盅，加入水、牛蛙、蒜头、干贝、枸杞子、米酒后，在炖盅口上封住一层保鲜膜。
3. 将炖盅放入蒸笼，以大火蒸约1小时后取出，加盐调味即可。

Tips 好汤有技巧

蒜头一定要先以热油炸成金黄色后，再放入汤锅中与汤水同煮，这样才能提出蒜头的香味。

140 | 什锦蔬菜汤

● 材料

胡萝卜············100克
土豆··············100克
西芹··············50克
西蓝花············100克
洋葱··············50克
番茄··············2个
水··············600毫升

● 调味料

盐··············1/2小匙

● 做法

1. 将胡萝卜、土豆和西芹分别去皮洗净，切丁备用。

2. 番茄洗净，切滚刀小块，洋葱去皮洗净切丁，西蓝花洗净切小块备用。

3. 锅烧热，倒入1大匙色拉油，放入洋葱丁和做法1的所有材料，以小火炒约5分钟后倒入汤锅。

4. 倒入水煮沸，转小火煮约10分钟，再放入番茄块和西蓝花块煮约10分钟，最后加盐调味即可。

141 | 五行蔬菜汤

● 材料

白萝卜·············200克
胡萝卜·············100克
牛蒡···············100克
鲜香菇···············3朵
萝卜叶·············150克
水···············600毫升
海带香菇高汤200毫升
（做法参考P19）

● 调味料

海带素···············6克
盐···············少许
色拉油···············适量

● 做法

1. 萝卜叶洗净，放入沸水中氽烫至变色后，捞出浸泡在冷水中，待其冷却后沥干，切成4厘米长的段。
2. 白萝卜、胡萝卜和牛蒡均洗净、去皮、切薄片备用。
3. 热锅倒入适量油烧热，放入做法2处理好的材料拌炒均匀，加入水、海带香菇高汤，以中小火煮至鲜甜风味释放出来。
4. 将萝卜叶放入锅中略煮一下，以盐和海带素调味即可。

142 | 柴把汤

● 材料

竹笋···············1/2支
胡萝卜·············1/5根
芹菜···············2棵
酸菜···············1/3棵
干胡瓜条···············1卷
素五花肉···············50克
素火腿···············50克
姜···············3片
水···············1000毫升

● 调味料

盐···············1/2小匙

● 做法

1. 竹笋、胡萝卜、酸菜、素火腿分别洗净切成长约6厘米的长条；姜洗净切丝；芹菜洗净切末；干胡瓜条剪成约12厘米的长条备用。
2. 将竹笋、胡萝卜、酸菜、素火腿以干胡瓜条一一捆绑成小柴把备用。
3. 取一深锅，加入水、姜丝及小柴把，以大火煮至汤汁滚沸后，转小火继续炖煮约30分钟，熄火前加入芹菜末、盐调味即可。

143 | 米兰蔬菜汤

材料

A
培根·················20克
洋葱·················10克
胡萝卜···············10克
西芹·················10克
番茄··············1/4个
圆白菜···············10克
土豆·················20克
B
高汤···········400毫升
意大利面··········10克
西芹末···········少许

调味料

盐···············1/2小匙
黑胡椒粉··········少许
番茄酱············2大匙

做法

1. 将材料A处理干净，均切成小丁备用。
2. 热锅，加入1大匙色拉油，以中火炒香所有做法1的材料，炒约1分钟。
3. 锅中加入高汤及意大利面，以大火煮开后再转小火继续煮约10分钟，起锅前加入所有的调味料。
4. 盛入碗中后，撒上西芹末即可。

144 | 意大利蔬菜汤

● 材料

洋葱·················1个
培根·················2片
西芹·················50克
圆白菜············100克
黄柿瓜············30克
绿柿瓜············30克
胡萝卜············1/3根
番茄·················1个
菜花·················30克
土豆·················1个

● 汤底

番茄高汤·····600毫升
（做法参考P21）

● 调味料

盐·················1小匙
意大利综合香料2小匙
干燥西芹粉·····1小匙

● 做法

1. 洋葱、土豆去皮洗净切小丁；其余所有材料洗净切小丁，备用。
2. 将培根炒香后，加入其余蔬菜丁炒软。
3. 加入番茄高汤及所有调味料，炖煮约30分钟即可。

145 | 意式田园汤

● 材料

番茄丁·············50克
圆白菜丁··········20克
洋葱丁·············5克
西芹丁·············5克
胡萝卜丁··········3克
猪骨高汤·····500毫升

● 调味料

盐·············1/4小匙

● 做法

1. 锅内倒入少许色拉油，放入材料中所有蔬菜丁炒香。
2. 锅中加入猪骨高汤，煮沸后转小火熬煮约10分钟，再放入调味料即可。

146 | 土豆胡萝卜汤

● 材料

土豆·············1/2个
胡萝卜··········1/3根
圆白菜··········60克
洋葱·············50克
牛骨高汤···1000毫升
(做法参考P17)
香菜碎·············3克

● 调味料

盐·················少许
黑胡椒粉（粗）少许
糖·················少许

● 做法

1. 土豆、胡萝卜去皮洗净切小块；圆白菜、洋葱洗净切小块备用。
2. 取一锅，放入土豆、胡萝卜、牛骨高汤，以小火煮约45分钟至全部材料软透，加入调味料调味，最后撒上香菜碎即可。

147 | 爽口圆白菜汤

● 材料

圆白菜··········150克
白萝卜··········300克
鲜香菇··············2朵
大米··············20克
水············1000毫升

● 调味料

柴鱼素··········10克
味酥··········10毫升

● 做法

1. 圆白菜剥下叶片片洗净，切成粗丝。

2. 白萝卜洗净，去皮后切成约4厘米长的粗条；鲜香菇洗净切丝；大米放入纱布袋中，封口绑好备用。

3. 将水、做法2的材料放入汤锅，大火煮开后改中小火煮至白萝卜呈透明状，再加入圆白菜继续煮约1分钟，以柴鱼素、味酥调味后熄火，取出米袋即可。

148 | 番茄玉米汤

● 材料

番茄·····················2个
玉米·····················1根
葱段··················1/2根
姜丝·····················适量
高汤···············800毫升

● 调味料

盐·······················1小匙
香菇粉·················1小匙
香油·····················2小匙

● 做法

1. 番茄洗净切块；玉米洗净切段；葱洗净切
   段，备用。
2. 取一锅，加入高汤、番茄块、玉米段和盐、
   香菇粉一同以小火煮约20分钟，煮至玉米段
   熟透且汤汁清澈。
3. 加入葱段、香油、姜丝即可。

149 | 玉米萝卜汤

● 材料

玉米·················300克
白萝卜·············100克
芹菜末···············10克
水·················700毫升

● 调味料

盐·······················1小匙
鸡精·····················1小匙

● 做法

1. 玉米去须洗净切小段；白萝卜去皮洗净切小
   块，备用。
2. 取锅，放入玉米段、白萝卜块、水煮至沸腾。
3. 加入芹菜末及所有调味料拌匀即可。

150 | 冬瓜海带汤

● 材料

冬瓜……………500克
海带结…………100克
姜………………5片
海带香菇高汤400毫升
（做法参考P19）
水………………400毫升

● 调味料

盐………………适量
米酒……………15毫升
味醂……………15毫升

● 做法

1. 冬瓜洗净，以刀面刮除表皮，留下绿色硬皮，切粗角丁；海带结洗净，备用。
2. 将水与海带香菇高汤倒入锅中，加入做法1中处理好的材料与姜片，大火煮开后改中小火继续煮约15分钟至冬瓜略呈透明状，加入所有调味料调味即可。

Tips 好汤有技巧

冬瓜经过熬煮很容易变得软烂，为了保留更多的营养成分，同时维持最佳的口感，去皮时只要将表面最外层刮掉就好。

151 | 海带芽汤

● 材料

干海带芽…………2克
鸡蛋……………1个
姜丝……………少许

● 酱汁

海带柴鱼高汤300毫升
（做法参考P19）
盐………………少许
姜汁……………少许

● 做法

1. 干海带芽泡入水中，待其膨胀后沥干备用；鸡蛋打入碗中，搅拌均匀成蛋液，并以少许盐调味备用。
2. 将海带柴鱼高汤倒入锅中加热煮开，以少许盐调味，再将蛋液以画圆的方式淋入，加入少许姜汁及姜丝，随即熄火。
3. 将海带芽放入预备的碗中，再将做好的汤汁倒入碗中即可。

152 | 时蔬土豆汤

材料
番茄·················200克
圆白菜···············200克
胡萝卜···············200克
土豆·················2个
洋葱·················1/2个
西芹·················100克
罐头肉豆············50克
蒜末·················5克
番茄汁··············300毫升
水·················1200毫升
香叶·················1~2片
欧芹末···············少许

调味料
鸡高汤块············1小块
盐·················少许
橄榄油··············2大匙

做法
1. 洋葱、土豆、胡萝卜均洗净、去皮、切成粗丁；罐头肉豆取出，稍微冲洗后沥干水分，备用。
2. 番茄洗净去蒂，切成粗丁；西芹洗净，撕除老筋后切成粗丁；圆白菜剥开叶片洗净，切小方片，备用。
3. 热锅倒入橄榄油烧热，先放入蒜末以小火炒出香味，加入所有做法1与做法2处理好的材料，以大火翻炒均匀，再加入水和香叶，以大火煮开，改中小火煮约20分钟至材料熟软，加入番茄原汁和鸡高汤块煮至均匀，以盐调味后熄火盛出，最后撒上欧芹末即可。

153 | 什锦蔬菜豆浆汤

● 材料

南瓜⋯⋯⋯⋯⋯150克
芋头⋯⋯⋯⋯⋯100克
土豆⋯⋯⋯⋯⋯100克
紫地瓜⋯⋯⋯⋯50克
黄地瓜⋯⋯⋯⋯50克
红地瓜⋯⋯⋯⋯50克
无糖豆浆⋯⋯500毫升
水⋯⋯⋯⋯⋯600毫升

● 调味料

海带素⋯⋯⋯⋯⋯6克
盐⋯⋯⋯⋯⋯⋯适量

● 做法

1. 紫地瓜、黄地瓜、红地瓜、芋头、土豆、南瓜均洗净、去皮、切小方块后泡入水中，备用。

2. 热锅，倒入1大匙油烧热，加入做法1处理好的所有材料充分拌炒均匀，倒入水，大火煮开，改中小火继续煮至所有材料熟软，再加入无糖豆浆继续煮约2分钟，最后以盐和海带素调味即可。

Tips 好汤有技巧

豆浆不仅可以当作火锅汤底，平时煮汤也可以作为方便现成的高汤，浓郁的豆香与蔬菜是相得益彰的组合，豆浆汤的特色是味道浓但口感清爽，搭配根茎类蔬菜营养更丰富，也可以做成甜汤当点心或饭后甜点食用。

154 | 什锦菇汤

◎ 材料

		◎ 调味料	
杏鲍菇	150克	盐	1/2小匙
秀珍菇	120克	鸡精	1/2小匙
金针菇	150克	米酒	1小匙
鲜香菇	50克		
姜丝	10克		
葱花	10克		
香油	1大匙		
水	700毫升		

◎ 做法

1. 杏鲍菇洗净切片；金针菇洗净去头；秀珍菇洗净去蒂头；鲜香菇洗净切片，备用。
2. 热锅，倒入香油，爆香姜丝，再加入水煮沸。
3. 锅中加入做法1的所有材料，煮约3分钟至材料熟软，再加入所有调味料拌煮均匀至沸腾，起锅前撒上葱花即可。

155 | 丝瓜鲜菇汤

◎ 材料

		◎ 调味料	
丝瓜	500克	盐	少许
柳松菇	50克	柴鱼素	4克
秀珍菇	50克		
姜丝	10克		
水	400毫升		

◎ 做法

1. 丝瓜洗净，去皮后切成约2厘米长的小条；柳松菇和秀珍菇洗净备用。
2. 热锅，倒入适量油，放入姜丝以中小火炒出香味，再加入做法1的所有材料翻炒一下，倒入水继续煮至材料熟软，最后以盐和柴鱼素调味即可。

156 | 鲜菇汤

● 材料

西蓝花············150克
金针菇·············50克
柳松菇·············50克
蘑菇················50克
杏鲍菇·············50克
鲜香菇·················2朵
蔬菜高汤·····600毫升
（做法参考P20）

● 调味料

海带素·················6克
盐····················适量

● 做法

1. 鲜香菇、金针菇去蒂以清水洗净，沥干水分，鲜香菇切片。
2. 柳松菇、杏鲍菇以清水洗净，沥干水分，以手撕成长条。
3. 蘑菇以清水洗净，沥干水分，对半切开。
4. 西蓝花放入水中汆烫至呈翠绿色，先泡入冰水中，再捞起沥干备用。
5. 将蔬菜高汤倒入锅中，放入做法1、做法2、做法3的全部材料，以大火煮沸，改中小火继续煮约10分钟，再加入西蓝花和调味料略搅拌即可。

157 | 养生鲜菇汤

▲ 材料

柳松菇·············200克
番茄·················2个
金针菇·············1包
枸杞子·············10克
白酒·················1大匙
香菇粉·············2大匙
水·················3000毫升

做法

1. 番茄洗净切块；金针菇洗净去蒂头；柳松菇洗净，备用。
2. 将3000毫升水倒入汤锅中煮沸，再加入番茄块煮约10分钟，接着放入金针菇、柳松菇及枸杞子煮熟，起锅前加入白酒与香菇粉拌匀调味即可。

158 | 肉末鲜菇汤

▲ 材料

猪瘦肉泥··········50克
秀珍菇·············50克
葱花·················1小匙
水·················600毫升

▲ 调味料

盐·················1/2小匙

做法

1. 秀珍菇洗净，沥干水分备用。
2. 汤锅中加水煮至滚沸，加入猪瘦肉泥、秀珍菇以及盐煮至再次滚沸。
3. 继续煮约5分钟，撒入葱花即可。

Tips 好汤有技巧

近年来非常流行吃菇养生，所以市面上也有越来越多种菇类可选购。下次吃火锅的时候不妨以菇类来煮高汤，也是一种清爽且营养的高汤。

159 | 香油杏鲍菇汤

● 材料

杏鲍菇·············150克
老姜················50克
枸杞子···········10粒
水················400毫升

● 调味料

香油··········100毫升
米酒···············3大匙
香菇素···········4克
盐················少许

● 做法

1. 杏鲍菇以清水洗净，沥干水分后以手撕成大长条；老姜刷洗干净外皮，切片；枸杞子洗净后以水泡约5分钟，沥干水分；备用。
2. 热锅倒入香油烧热，加入姜片，以小火慢炒至姜片卷曲并释放出香味，加入杏鲍菇拌炒均匀，沿锅边淋入米酒，继续煮至酒味散发，再加入水以中火煮开，以盐和香菇素调味，起锅前加入枸杞子拌匀即可。

160 | 枸杞香油 川七汤

● 材料

川七················150克
枸杞子···········10克
老姜················30克
猪骨高汤·····200毫升

● 调味料

香油···············2大匙
米酒···············1大匙

● 做法

1. 将川七叶中的老叶摘除后，洗净沥干；枸杞洗净沥干；老姜洗净沥干后，切片备用。
2. 取锅，倒入香油，放入老姜片爆香后，加入猪骨高汤、川七、枸杞子和米酒，煮至滚沸后盛起即可。

Tips 好汤有技巧

川七菜叶因为保存不易，所以买回后烹调前，别忘了稍做挑选，先将较老及烂的叶片挑除，并且及时下锅烹调，千万不要将川七菜叶放置过久。

161 | 蒜香菜花汤

● 材料

菜花……………300克
胡萝卜……………80克
蒜头……………10颗
蔬菜高汤……800毫升
（做法参考P20）

● 调味料

盐………………少许
鸡精………………8克

● 做法

1. 菜花洗净，切成小朵后撕除粗皮，放入沸水中汆烫至变色，捞出泡入冷水中，冷却后捞出、沥干水分；胡萝卜洗净，去皮后切片；备用。
2. 锅中倒入1大匙油烧热，放入蒜头以小火炒至表皮稍微呈褐色，加入做法1处理好的蔬菜拌炒均匀，再加入蔬菜高汤大火煮开，改中火继续煮至菜花熟软，以盐和鸡精调味即可。

162 | 香油
黑甜菜汤

● 材料

黑甜菜……………200克
猪瘦肉片………150克
姜丝……………20克
香油……………2大匙
水……………700毫升

● 调味料

鸡精………………1小匙
米酒………………1大匙

● 做法

1. 黑甜菜挑去老叶后，洗净沥干备用。
2. 热锅，倒入香油烧热，加入姜丝爆香后，加入猪瘦肉片以中火炒一下，再加入水煮沸，放入黑甜菜煮约1分钟，最后加入所有调味料拌匀即可。

163 | 椰子竹笋汤

● 材料

熟麻笋…………300克
鸡肉高汤……600毫升
新鲜椰子汁·300毫升
水……………600毫升

● 调味料

盐………………少许

● 做法

1. 熟麻笋切适当大小的滚刀块。
2. 将鸡肉高汤、水、笋块放入汤锅中煮至沸腾。
3. 加入新鲜椰子汁，再煮约10分钟，加入盐调味即可。

164 | 苋菜竹笋汤

● 材料

苋菜……………200克
竹笋丝…………适量
猪肉丝…………适量
猪骨高汤…1500毫升

● 调味料

盐………………适量
鸡精……………适量
胡椒……………适量

● 腌料

米酒……………少许
酱油……………少许
香油……………少许
淀粉…………1/2小匙

● 做法

1. 苋菜洗净切小段；猪肉丝用腌料腌约5分钟备用。
2. 将1500毫升猪骨高汤煮开，放入苋菜、笋丝，煮约10分钟至苋菜软化，再加入肉丝。
3. 煮至汤汁再度沸腾，加入调味料拌匀即可。

165 | 韩式泡菜汤

※ 材料

韩式泡菜………400克
黄豆芽…………100克
猪瘦肉…………50克
水…………1000毫升

※ 调味料

盐……………1/2小匙

※ 做法

1. 排骨放入沸水中汆烫，捞起放入汤锅中，加入水，以小火煮30分钟，关火备用。
2. 另取锅烧热，加入1大匙色拉油及50克切块的韩式泡菜炒香，再放入黄豆芽以小火炒约3分钟。
3. 将做法2的材料倒入做法1的汤锅中煮约10分钟，再加入剩余的泡菜块煮沸，最后加盐调味即可。

Tips 好汤有技巧

用韩式泡菜来煮汤，最好先切小块，再用油炒香，这样煲煮出来的泡菜汤会更够味，吃起来口感也更佳。

166 | 韩式蔬菜汤

● 材料

土豆…………200克
韩式带汁泡菜·150克
胡萝卜…………100克
黄豆芽…………100克
柳松菇…………50克
金针菇…………50克
嫩豆腐…………1/2块

蒜末…………10克
水…………1000毫升

● 调味料

韩国细辣椒粉……5克
韩式风味素……10克
酱油…………1大匙

● 做法

1. 柳松菇洗净，撕成小朵；土豆、胡萝卜均洗净，去皮后切块；黄豆芽洗净，备用。
2. 嫩豆腐以汤匙挖成粗块；金针菇洗净切小段。
3. 热锅倒入2大匙香油烧热，加入蒜末、韩国细辣椒粉以小火炒出香味，再加入韩式带汁泡菜和做法1处理好的所有材料拌炒均匀，加入水、韩式风味素、酱油和做法2处理好的食材，改中小火继续煮约20分钟，至食材入味且风味释出即可。

167 | 韩式年糕汤

● 材料

年糕…………100克
泡菜…………50克
葱…………1/2根
火锅料…………适量
高汤…………1500毫升
香菜…………少许

● 调味料

盐…………1/2小匙
酱油…………1大匙
韩国辣椒粉··1大匙半
白胡椒粉………少许
米酒…………1大匙

● 做法

1. 将年糕切成长条备用；泡菜切片、葱洗净切段备用；所有的调味料一起拌匀备用。
2. 取一汤锅，加入年糕、泡菜、火锅料、葱段、高汤，以大火煮开后再倒入拌匀的调味料，再次以大火煮开后，盛入汤碗中，加入香菜作为点缀即可。

Tips 好汤有技巧

这道菜的美味秘诀在于煮汤前，泡菜须先拧干汁液，将汁液留作后来倒入锅中的调味料，这样汤才美味。

168 | 裙带菜黄豆芽汤

● 材料

黄豆芽·············200克
裙带菜··············15克
蒜末················5克
红辣椒············1/3个
熟白芝麻·········少许
香油··············2大匙
水·············600毫升

● 调味料

盐···················适量
韩式甘味调味粉··5克

● 做法

1. 黄豆芽洗净沥干；红辣椒洗净，去蒂切斜片。
2. 裙带菜清洗干净，放入沸水中汆烫约10秒钟，捞出沥干水分，切小段备用。
3. 热锅倒入香油，先放入蒜末与红辣椒片，以中火炒出香味，再加入黄豆芽拌炒均匀。
4. 锅中加水，以大火煮开后改中小火继续煮约5分钟，加入裙带菜拌匀，以盐和韩式甘味调味粉调味，熄火盛出后，撒上熟白芝麻即可。

169 | 黄豆芽番茄汤

● 材料

黄豆芽·············200克
番茄················2个
芹菜················1棵
猪骨高汤··2000毫升

● 调味料

盐·················1/2小匙
鸡精············1/2小匙

● 做法

1. 番茄洗净，顶部划十字，放入沸水中汆烫后去皮切块。
2. 芹菜洗净切段；黄豆芽洗净，放入沸水中汆烫后捞起备用。
3. 将猪骨高汤煮开，放入番茄块、芹菜段、黄豆芽，转中小火煮约20分钟，再加入盐、鸡精调味即可。

170 | 豆腐味噌汤

● 材料

老豆腐⋯⋯⋯⋯1/4块
油豆腐⋯⋯⋯⋯1片
干海带芽⋯⋯⋯适量
葱花⋯⋯⋯⋯⋯少许
水⋯⋯⋯⋯⋯450毫升

● 调味料

红味噌⋯⋯⋯1/2大匙
白味噌⋯⋯⋯⋯1大匙
柴鱼素⋯⋯⋯1/2小匙
味醂⋯⋯⋯⋯1/2小匙

● 做法

1. 将老豆腐切成粗丁，放入沸水中氽烫后，捞起泡入冷水中备用。
2. 将油豆腐放入沸水中烫除油渍，捞起沥干后切成长条备用。
3. 干海带芽泡入水中，待膨胀后沥干水分备用。
4. 锅中放水，以中火烧开，将红味噌、白味噌、柴鱼素放入长形网中，用筷子搅动，使其溶于锅中，再加入味醂即可熄火。
5. 将做法1、做法2、做法3的材料放入汤碗中，再注入做法4的汤汁至约八分满，最后撒上少许葱花即可。

171 | 蔬菜清汤

● 材料

猪五花肉薄片⋯50克
牛蒡⋯⋯⋯⋯100克
金针菇⋯⋯⋯100克
香菇⋯⋯⋯⋯100克
胡萝卜⋯⋯⋯120克
上海青⋯⋯⋯50克

海带柴鱼高汤300毫升
（做法参考P19）

● 调味料

酱油⋯⋯⋯⋯少许
盐⋯⋯⋯⋯⋯少许

● 做法

1. 猪五花肉薄片撒上少许盐，切成细条，放入热水中氽烫后捞起备用；将牛蒡、金针菇、香菇、胡萝卜、上海青洗净切丝，放入热水中氽烫后捞起备用。
2. 将海带柴鱼高汤倒入锅中加热煮开，再放入酱油及盐调味后熄火。
3. 将做法1的材料放入预备的碗中，再把做法2的汤汁倒入碗中即可。

Tips 好汤有技巧

这道汤很清淡，食用前撒上少许七味粉、山椒粉或柚子粉等调味料，可以增加口感和香气。

172 | 咖喱蔬菜汤

● 材料

胡萝卜·············50克
玉米笋·············40克
蒜末···············10克
四季豆·············2根
日式三角油豆腐··3块
鲜香菇·············2朵
茄子···············1/2个
洋葱···············1/2个
红甜椒·············1/3个
黄甜椒·············1/3个

姜末···············10克
蔬菜高汤·····600毫升
（做法参考P20）

● 调味料

咖喱粉·············20克
咖喱块·············20克
辣椒粉·············2克

● 做法

1. 日式三角油豆腐、鲜香菇、玉米笋均洗净，茄子洗净去蒂，洋葱、胡萝卜均洗净、去皮，红甜椒、黄甜椒均洗净、去蒂及籽；上述材料均切成小滚刀块，备用。

2. 四季豆洗净切段，放入沸水中氽烫至变为翠绿色，捞出沥干水分备用。

3. 热锅倒入3大匙色拉油烧热，放入蒜末、姜末炒出香味，依序放入做法1的所有材料及辣椒粉，充分拌炒均匀。

4. 将咖喱粉加入锅中继续拌炒均匀，再加入蔬菜高汤大火煮开，改中小火继续煮约15分钟后，放入切碎的咖喱块拌煮均匀，最后放入烫好的四季豆即可。

173 | 椰香酸辣汤

● 材料

洋葱	1/4个	香茅	适量
胡萝卜	20克	水	600毫升

蘑菇	50克

● 调味料

圣女果	50克	辣椒粉	3克
金针菇	50克	鱼露	3大匙
香菜	20克	柠檬汁	2大匙
红辣椒	1根	细砂糖	1大匙
柠檬叶	4片	椰奶	200毫升

● 做法

1. 洋葱、胡萝卜均洗净，去皮后切丝；蘑菇洗净、切片；圣女果洗净，去蒂后对半切开；金针菇去蒂，洗净后切小段；红辣椒洗净，去蒂后切丝；备用。
2. 香菜洗净后切小段备用。
3. 热锅倒入2大匙色拉油烧热，放入做法1处理好的所有材料，以中火拌炒均匀，加入水、柠檬叶和香茅以大火煮开，改中小火继续煮约3分钟，加入所有调味料拌匀，熄火盛出，最后撒上香菜段即可。

174 | 墨西哥蔬菜汤

● 材料

圆白菜	100克
西芹	80克
芦笋	50克
胡萝卜	1根
洋葱	1个
番茄高汤	1200毫升
（做法参考P21）	

● 调味料

盐	1小匙
鸡精	1小匙
墨西哥辣椒粉	1小匙
匈牙利红椒粉	2小匙

● 做法

1. 洋葱、胡萝卜去皮洗净切块；西芹洗净切块；芦笋洗净削除粗皮；圆白菜洗净剥成片，备用。
2. 将做法1中的所有食材放入锅中，加入番茄高汤及所有调味料，炖煮约15分钟即可。

175 | 七彩神仙汤

● 材料

山药··················80克
土豆··················80克
白萝卜··············80克
胡萝卜··············50克
牛蒡··················50克
西蓝花··············50克
海带结··············30克
菱角··················30克
黄豆芽··············20克
三角豆干··········20克
鲜香菇··············3朵

● 调味料

素高汤······1200毫升
（做法参考P20）
盐··················1小匙

● 做法

1. 牛蒡、土豆、胡萝卜、白萝卜、山药去皮洗净切块；鲜香菇洗净切块，备用。

2. 西蓝花去除粗纤维洗净；海带结、菱角、黄豆芽以及三角豆干洗净备用。

3. 取一砂锅，倒入所有调味料煮至滚沸，再放入所有材料以小火煮约30分钟即可。

176 | 甘露果盅

● 材料

哈密瓜·················1个
莲子·····················8颗
桂圆·····················4颗
鲜百合············· 30克
白果·····················5粒
银耳·····················5克
枸杞子···········1大匙
红枣·····················5颗

● 调味料

甘蔗汁········300毫升

● 做法

1. 将哈密瓜上方约1/3处切下作为瓜盖（可用刀具做简单的果雕），挖出下方哈密瓜果盅内的果籽，再切除适量果肉，即成哈密瓜盅。
2. 将哈密瓜外的所有材料和所有调味料放入锅中，以中火煮至滚沸，熄火备用。
3. 将做法2的汤汁和材料倒入哈密瓜盅内，盖上瓜盖，放入蒸笼以中火蒸煮约20分钟即可。

177 | 贡丸汤

材料

猪大骨…………900克
贡丸……………300克
芹菜末…………适量
水…………3000毫升

调味料

盐……………1/2小匙
鸡精…………1/2小匙
胡椒粉…………少许
香油……………少许

做法

1. 猪大骨洗净，放入沸水中汆烫后，捞起冲水洗净沥干备用。
2. 取锅，加入水和猪大骨煮至滚沸，转小火煮约90分钟后，沥出高汤备用。
3. 另取锅，倒入1200毫升高汤煮至滚沸，放入贡丸煮至熟透，加入调味料拌匀后盛入碗中，撒上芹菜末即可。

178 | 三丝丸汤

材料

三丝丸…………300克
冬菜……………适量
芹菜末…………适量
猪骨高汤…1200毫升

调味料

盐……………1/2小匙
鸡精…………1/4小匙
胡椒粉…………少许

做法

1. 取锅，倒入猪骨高汤煮至滚沸，放入三丝丸煮至熟透，加入调味料拌匀，盛入碗中。
2. 食用前放入冬菜和芹菜末，撒上胡椒粉即可。

Tips 好汤有技巧

购买市售的丸子时可以先轻轻捏一下，看看丸子会不会凹陷，如果丸子是软软的手感，就代表不新鲜了。

179 | 苦瓜丸汤

● 苦瓜丸材料

白苦瓜⋯⋯⋯1条
肉泥⋯⋯⋯300克
鱼浆⋯⋯⋯100克
淀粉⋯⋯⋯适量

● 腌料

米酒⋯⋯⋯1大匙
酱油⋯⋯⋯少许
盐⋯⋯⋯1/4小匙
糖⋯⋯⋯1/4小匙
胡椒粉⋯⋯少许
淀粉⋯⋯⋯少许
水⋯⋯⋯2大匙

● 材料

猪骨高汤750毫升

● 调味料

盐⋯⋯⋯1/4小匙
鸡精⋯⋯1/4小匙
香油⋯⋯⋯少许

● 做法

1. 将肉泥和全部腌料混合拌匀，腌约15分钟，再加入鱼浆拌匀，摔打至有黏性即成内馅。
2. 白苦瓜洗净去头尾，切圈去籽备用。
3. 在白苦瓜圈内均匀抹上淀粉，再填入内馅，做成苦瓜丸，重复此步骤至内馅用完。
4. 取锅，加入水煮至滚沸，放入苦瓜丸以小火慢慢煮熟，捞出备用。
5. 另取锅，倒入猪骨高汤煮至滚沸，再放入苦瓜丸和所有调味料煮一下，盛入碗中即可。

180 | 大黄瓜鱼丸汤

材料

鱼丸·············150克
大黄瓜块·······300克
香菜·············适量
水·············600毫升
海鲜高汤·····200毫升

调味料

盐·············1/2小匙
鸡精·············少许
胡椒粉·············少许

做法

1. 取一汤锅，加入水及海鲜高汤，煮沸后放入大黄瓜块煮约15分钟，再加入鱼丸与盐、鸡精煮沸。

2. 煮至鱼丸浮起熟透后，放入胡椒粉与香菜即可。

181 | 豆腐丸子汤

材料

老豆腐·············1/4块
山药·············20克
鱼浆·············150克
鸡蛋（取一半蛋清）1个
低筋面粉·············1大匙
盐·············少许
糖·············1/2大匙
芹菜末·············适量
香油·············少许
水·············300毫升

调味料

柴鱼素·············1/3小匙
盐·············少许
胡椒粉·············少许

做法

1. 豆腐用餐巾纸擦干水，再压成泥备用。

2. 山药磨成泥备用。

3. 将鱼浆与豆腐泥、山药泥混合搅拌均匀。

4. 在做法3的材料中加入蛋清、低筋面粉、盐、糖拌匀后，以手挤成丸子状。

5. 煮一锅水，放入丸子煮开，再转小火，煮至丸子浮起后捞出。

6. 另取一锅，将所有调味料煮开，放入丸子略煮一会儿，再盛入碗中，撒上芹菜末、滴入香油即可。

182 | 福菜丸子汤

● 材料

猪肉泥·······200克
姜末········1/4小匙
福菜···········20克
西葫芦······100克
虾米··········1大匙
蛋清··········1大匙
水·········500毫升

● 调味料

A 盐 ·······1/2小匙
糖···········1/4小匙
胡椒粉····1/4小匙
淀粉·······1/2小匙

B 盐 ·······1/2小匙
鸡精·······1/4小匙

● 做法

1. 西葫芦洗净切条；虾米洗净；福菜洗净、切末，备用。

2. 猪肉泥中加入调味料A的盐，放入盆内搅拌成团，再加入其余调味料A及蛋清拌匀，最后加入姜末、福菜末拌匀，备用。

3. 取一砂锅，放入西葫芦条、虾米、水煮沸，再将做法2的材料用手挤成丸子状，放入砂锅中以小火煮约5分钟，起锅前加入调味料B拌匀煮沸即可。

183 | 馄饨汤

材料

馄饨··················适量	姜··················4片
猪龙骨··········1000克	
鳊鱼干···········10片	● 调味料
虾干···············60克	盐··················2小匙
黄豆芽···········200克	鸡精粉·········1.5大匙
水···········6000毫升	细糖···············1大匙

做法

1. 鳊鱼干用烤箱以150℃的温度烤至微焦备用。
2. 虾干、黄豆芽洗净后，沥干水分备用。
3. 取一汤锅，将水煮至滚沸后放入猪龙骨，氽烫后捞起、沥干洗净备用。
4. 另取一汤锅，先放入猪龙骨、鳊鱼干及姜片，再加入水和虾干、黄豆芽，转大火煮至滚沸。
5. 汤锅转小火，让其呈微沸状态，且随时去除浮于汤上的浮油及泡沫。
6. 待高汤沸腾约2小时，锅内剩下约3000毫升高汤时即可熄火。
7. 取一细滤网，将高汤过滤。
8. 高汤内加入调味料，稍微搅拌后即加入馄饨，煮熟即可。

184 | 花莲扁食汤

材料

A 五花肉泥 ·····300克	小白菜·············· 6棵
鸡蛋·················1个	细芹菜末········· 20克
红葱头酥 ···· 2大匙	猪骨高汤···2400毫升
白酱油 ·········1大匙	
香油 ···········1大匙	● 调味料
盐 ··········1/4小匙	鸡精··············1大匙
水 ···········30毫升	香油··············1大匙
B 馄饨皮·········150克	盐··············1/2大匙

做法

1. 将材料A全部放入盆中，搓揉摔打至五花肉泥有黏性后，再放入冰箱冷藏腌渍约30分钟至入味，即为肉馅；材料B的小白菜洗净，切成3厘米长的段备用。
2. 取1张馄饨皮，包入适量肉馅，对折固定封口即为生的扁食，重复上述步骤至材料用完。
3. 将扁食放入沸水中煮约2分钟至熟，加入小白菜一起煮至水再度滚沸后，捞出放入大汤碗中备用。
4. 将材料B的高汤煮沸回淋至大汤碗中，加上香油及细芹菜末即可。

CREAM SOUP

香浓味醇

浓汤&羹汤篇

浓汤是指经过长时间熬煮，将食材精华都融入汤中，或是加入奶油、奶酪，甚至将食材打成泥料理而成的浓稠风味的汤品。而羹汤是指经过勾芡，让汤汁呈现微微黏稠滑润口感的汤品。两种汤味道都浓郁醇厚，在寒冷的冬天里来一碗，绝对会有满满的幸福感。

浓汤 & 羹汤——
美味关键

1 熬煮时间和火力大小都要适当

炖煮的时间不是越长就越好，大部分汤品最理想的炖煮时间是1~2小时，有些肉类为主的汤品需至2~3小时，但如果汤中放入叶菜类后，就不宜煮太久。此外，在小火慢煮的过程中，切忌火力忽大忽小，否则容易造成食材粘锅而破坏美味。

2 西式浓汤要配对高汤才对味

奶味重的浓汤适合白汤(大骨高汤)，海鲜类的浓汤适合鱼高汤。如果你希望煮一锅高汤可料理多种浓汤的话，建议选择白汤与鸡高汤，这两种高汤比较适用于多种不同风味的浓汤中；而鱼高汤与牛高汤因为味道较具特色，不建议随意搭配。

3 汤滚沸后再勾芡

羹汤勾芡的时候，一定要等汤滚沸之后才可以淋入芡汁，以免因为温度不够，造成芡粉沉淀或结块，而滚沸的状态也有助于芡汁快速散开，这样煮出的羹汤会更均匀滑顺。

浓汤必备材料

油品

　　制作浓汤可使用的油有3种，分别是奶油、橄榄油与菜籽油。奶油做出的浓汤味道最香，口感也最浓，是最正统的浓汤用油。橄榄油做出的浓汤，虽然没有奶油那么香浓，却有另一番浓而不腻的爽口风味。菜籽油则是泛指一般常用的烹调用油，如大豆色拉油、葵花油、芥花油等，或是以这类油调配而成的蔬菜油，这类油也可以用来制作浓汤。如果家中不常使用奶油或橄榄油，则现有的菜油是最方便的选择。

面糊

　　面糊是使浓汤浓稠的快速帮手，使用的方法与中式烹调中的勾芡手法相同，但面糊是以低筋面粉用油炒出来的，所以做出来的汤汁不像以淀粉勾芡的汤汁那么清澈。面糊的做法是以3份低筋面粉与1份油和匀，以小火炒至充分均匀细致即可。使用不同的油炒出来的面糊颜色也会不同，一般来说以奶油炒出来的面糊颜色为浅黄，以橄榄油或菜油炒出来的面糊颜色会略带咖啡色。炒好的面糊冷却后，密封好放入冰箱冷藏可保存约1个月。

奶酪

　　奶酪可以同时增加浓汤的香味与浓稠口感，在使用上有直接加入汤中煮和最后撒在汤上2种。加入汤里煮可以增加汤的香味与浓稠度，而撒在汤上则可以使奶酪本身的香味更浓郁且明显，同时可利用奶酪增添外观与口感的变化。最好选择能融入汤汁中的硬质奶酪，有些软质奶酪也适合使用在浓汤上，而其他如比萨奶酪或是三明治奶酪片这类奶酪，因为不能融入汤汁，故不适合用来制作浓汤。浓汤常用的奶酪有康门贝尔、切达、帕马森等。

香料

　　香料在西式烹调上的使用非常广泛，在浓汤的制作上更是不可或缺的香味小帮手，从熬煮高汤开始，就可使用香料来增添与变化不同的风味。这类西式香料中，常见的单品，例如迷迭香、百里香、西芹等都可以买到新鲜的，味道上比干制的更浓郁。其他常用的香料，如意大利综合香料、匈牙利红椒粉、香叶则以罐装干品为主。

羹汤 这样做才美味

【日本淀粉】

　　日本淀粉是用土豆淀粉制成的白色粉末，勾芡效果佳，透明度高、浓稠感适中。

【传统淀粉】

　　传统淀粉是用树薯淀粉制成的白色粉末，颜色比日本淀粉略灰白一些，颗粒也较粗，是勾芡最常用的芡粉。

【绿豆粉】

　　勾芡用的绿豆粉是用绿豆淀粉制成的浅乳白色粉末，与一般糕点所使用颜色较绿的绿豆粉不同，虽可用于羹汤的勾芡，但透明度较差。

【藕粉】

　　藕粉是用莲藕淀粉制成的浅粉红色粉末，勾芡后汤的浓稠度较高，口感也更加柔嫩滑顺。

【地瓜粉】

　　地瓜粉是用地瓜淀粉制成的白色粉末，颗粒更加粗大，吸水率较低，勾芡后汤的浓稠度较不易掌握，口感也会比较黏稠。

勾芡技巧汇总

　　不论使用哪一种芡粉，勾芡时的技巧都一样，只要注意以下4点，就能做出满意的羹汤。

【技巧1：芡粉和水的比例】

　　芡粉和水的调制比例为粉1、水1.2~1.5，为了不将羹汤的味道冲淡，通常会采用水1.2倍的比例。

【技巧2：汤滚了才淋入】

　　当羹汤煮开的时候才可以开始淋入芡粉水，滚沸的状态可以帮助芡粉水快速散开，避免沉入锅底结块。

【技巧3：淋入时须搅拌】

　　为了让芡粉水与羹汤快速混合均匀，在淋入的同时必须不断地搅拌，不过要注意芡粉水全部加入之后，就不能再过度搅拌。

【技巧4：稠度适中即可】

　　每一次制作时未必都使用相同的芡粉水量，也许因为火力些许的差异就会使羹汤的分量有所不同，所以每次勾芡时除了要注意比例，也要实际观察羹汤的浓稠度，即使芡粉水还未完全加入，如果汤的稠度已经够了，就要停止加入。

185 | 罗宋汤

● 材料

牛腱……………600克
圆白菜…………150克
番茄……………2个
土豆……………1个
西芹……………1棵
番茄糊…………2大匙
水………………1000毫升

● 调味料

盐………………1小匙

● 做法

1. 将牛腱切块，放入沸水中汆烫，洗净备用。
2. 将土豆去皮洗净，番茄洗净，都切成滚刀块备用。
3. 圆白菜洗净切小块，西芹去皮洗净切段备用。
4. 将所有材料放入汤锅中，加入水，以小火煮约3.5小时，再加入番茄糊和盐调味，继续煮约30分钟即可。

186 ｜玉米浓汤

● 材料

罐头玉米酱………1罐
罐头玉米粒……1/2罐
火腿末…………1大匙
洋葱末…………3大匙
猪骨高汤……600毫升
水淀粉………1.5大匙

● 调味料

盐………………1小匙
白胡椒粉……1/4小匙

● 做法

1. 锅烧热，倒入少许色拉油，放入洋葱末以小火炒至软化。
2. 倒入猪骨高汤和所有调味料，煮沸后加入玉米粒和玉米酱拌匀。
3. 待汤煮沸后，淋入水淀粉勾芡。
4. 食用前撒上火腿末即可。

187 | 南瓜海鲜浓汤

● 材料

去皮南瓜·········300克
鲜鱼肉···········100克
海鲜高汤·····300毫升
洋葱末···········2大匙
鲜奶油···········1大匙

● 调味料

盐···················1小匙
黑胡椒粉··········适量

● 做法

1. 取去皮南瓜2/3的分量蒸至熟烂，取出压成泥，其余的1/3分量切丁备用。

2. 锅烧热，倒入2小匙色拉油，放入洋葱末，以小火炒软，再加入南瓜丁略炒。

3. 倒入海鲜高汤和南瓜泥，以小火煮沸，加入盐调味，倒入碗中备用。

4. 鲜鱼肉切丁，加入淀粉及1/4小匙盐（分量外）略腌，放入沸水中烫熟后，放至做法3的碗中，再淋入鲜奶油、撒上黑胡椒粉即可。

188 | 蟹肉南瓜汤

● 材料

南瓜·············350克
蟹腿肉·············50克
洋葱·················1个
蒜头·················5颗
海鲜高汤·····700毫升
西芹碎·············少许

● 调味料

白胡椒粉·············少许
奶油·················1大匙
盐·················少许

● 做法

1. 南瓜洗净去皮、籽，再切成块备用。
2. 蟹腿肉挑壳洗净；洋葱去皮洗净切成丝；蒜头切片备用。
3. 取一个汤锅，加入一大匙色拉油（材料外），再加入南瓜块、洋葱丝和蒜片，炒香后继续加入所有调味料，翻炒均匀。
4. 锅中加入海鲜高汤，以中火煮约20分钟。
5. 将南瓜汤倒入搅拌机中打成泥状。
6. 在南瓜汤中加入蟹腿肉，以中火煮沸即可。

189 | 洋葱汤

● 材料

洋葱……………500克
奶油………… 40克
蒜末……………10克
百里香…………少许
水…………800毫升
法式面包………适量
西芹……………少许

● 调味料

白酒…………15毫升
鸡精……………6克
盐………………少许
胡椒粉…………少许

● 做法

1. 洋葱洗净，去皮切丝备用。
2. 热锅放入奶油，以中小火烧至奶油融化，加入蒜末炒出香味，再加入洋葱丝慢慢翻炒至洋葱呈浅褐色。
3. 沿锅边淋入白酒，翻炒几下后加入水及所有调味料拌匀，继续煮约15分钟，熄火盛出。
4. 法式面包切小丁，放入烤箱中温烤至略呈黄褐色，取出撒在盛出的汤中，再撒上少许西芹即可。

Tips 好汤有技巧

洋葱有国产和进口两种，国产洋葱形状椭圆，颜色较浅，肉质也较软。不论哪一种洋葱，挑选时都以形状完整，表皮光滑，没有破损、发黑、局部变软情况者为佳。

190 | 洋葱鲜虾浓汤

● 材料

洋葱…………500克
虾仁…………100克
法式面包…………2片
蒜末…………1/2小匙
面粉…………1.5大匙
水…………600毫升
干燥百里香…1/4小匙

帕玛森奶酪粉…适量
黑胡椒粉…………适量

● 调味料

盐…………1茶小匙
鸡精…………1/2小匙
细砂糖…………1小匙

● 做法

1. 洋葱去皮洗净切丝，平铺在烤盘上，放入预热至200℃的烤箱中，烤至微黄，在此期间翻动2次。

2. 锅烧热，倒入2大匙色拉油，放入蒜末和洋葱丝，以小火炒约3分钟，加入细砂糖炒至呈浅棕色，再加入面粉炒匀。

3. 将水慢慢加入锅中并不断搅拌，加入百里香、盐和鸡精煮约10分钟，再盛入碗内。

4. 将法式面包切丁，放入烤箱中烤脆，和烫熟的虾仁一起放入做法3的碗中，食用时再撒上适量帕玛森奶酪粉及黑胡椒粉即可。

191 | 法式洋葱汤

● 材料

培根…………20克
洋葱…………30克
法式面包…………1片
奶油…………1大匙
牛肉泥…………30克
面粉…………1大匙
牛骨高汤…400毫升

奶酪丝…………少许
西芹…………少许
罗勒…………少许

● 调味料

盐…………1/4小匙
黑胡椒粉（粗）少许

● 做法

1. 培根切丁备用；洋葱去皮洗净切丝备用。

2. 法式面包切丁后，放入预热至180℃的烤箱中烤约6分钟，烤至酥脆后取出备用。

3. 取一炒锅，加入奶油，以小火爆香培根、洋葱，再加入牛肉泥炒至变色后，加入面粉拌炒。

4. 倒入牛骨高汤，以大火煮开后加入所有调味料。

5. 盛入碗中后，再加入面包丁、奶酪丝、西芹末、罗勒即可。

192 卡布奇诺蘑菇汤

● 材料

蘑菇···········150克
培根··············2片
洋葱············1/3个
蒜头············2颗
土豆··············1个
吐司面包·······1/2片
猪骨高汤····600毫升
西芹碎··········少许

● 调味料

黑胡椒粉·········少许
奶油·············1大匙
盐···············少许
西式香料·······1小匙
香叶·············2片

● 做法

1. 培根切片；蘑菇洗净切片；洋葱、蒜头洗净切碎；土豆去皮洗净切丁备用。
2. 吐司面包烤酥后切块备用。
3. 取一个汤锅，加入2大匙色拉油，再加入做法1的所有材料，以中大火炒匀。
4. 锅中加入所有调味料，翻炒均匀后，倒入猪骨高汤，盖上锅盖，以中火煮约20分钟。
5. 将做法4的汤倒入榨汁机，打成泥状，倒入汤锅以中火煮沸，起锅时加入吐司面包块与西芹碎即可。

193 乡村浓汤

材料
A 奶油 ··········· 30克
　香叶 ············· 1片
　洋葱丝 ········· 50克
B 圆白菜丝 ······ 50克
　口蘑 ··········· 40克
　胡萝卜丝 ······ 30克
　火腿丝 ········· 40克
　番茄酱 ········· 1大匙
　番茄碎 ········· 1大匙
　低筋面粉 ······ 14克

C 牛骨高汤600毫升
（做法参考P17）

调味料
盐 ··············· 少许
黑胡椒粉(粗) ···· 少许
糖 ··············· 少许

做法
1. 取一平底锅，用小火将奶油烧至融化，放入香叶、洋葱丝以小火炒约5分钟至香味溢出。
2. 依序将材料B加入锅中炒约3分钟后，加入牛骨高汤，以小火拌匀煮开，再加入所有调味料调味即可。

194 美式花菜浓汤

材料
奶油 ················ 30克
香叶 ················ 1片
洋葱 ················ 50克
西芹碎 ·············· 2克
西蓝花 ·············· 2朵
鸡肉 ················ 50克
火腿 ················ 20克
低筋面粉 ············ 14克

鸡高汤·500毫升（做法参考P16）
鲜奶 ············· 100毫升
炸吐司丁 ··········· 10克

调味料
盐 ················· 少许
糖 ················· 少许

做法
1. 洋葱去皮洗净切丁、火腿切丁；鸡肉切小丁备用。
2. 平底锅中放入奶油，用小火烧至融化，放入香叶、洋葱丁、鸡肉丁、低筋面粉，以小火炒约5分钟至香味溢出。
3. 依序将火腿丁、鸡高汤、鲜奶、芹菜末加入锅中混拌均匀，煮开后再加入西蓝花，并以调味料调味，最后撒上炸吐司丁即可。

195 | 辣番茄汤

● 材料

熟鸡肉..............50克
洋葱..............50克
番茄..............3个
红辣椒..............3个
鸡高汤........600毫升
（做法参考P16）
欧芹叶..............少许

● 调味料

盐..............1/2小匙
面糊..............1小匙

● 做法

1. 将番茄洗净，以开水烫过后去皮、切碎；红辣椒洗净去籽后切碎；洋葱洗净去皮后切碎。

2. 将做法1的所有材料、熟鸡肉与鸡高汤放入汤锅中同煮，以小火煮约30分钟后，捞出熟鸡肉切丝。

3. 加盐调味，再慢慢加入面糊，以小火煮至浓稠，盛入碗中，撒上鸡肉丝即可。

Tips 好汤有技巧

番茄天然的酸甜味道可以使辣味变得很柔和顺口，以鲜红色的牛番茄或脱皮番茄最适合，但如果家中有现成的其他品种的番茄，也可用来制作辣番茄汤。

196 | 拿波里浓汤

● 材料

A 奶油 ………… 30克
　香叶 ………… 1片
　洋葱丝 ………… 50克
　牛肉泥 ………… 50克
B 胡萝卜丝 …… 30克
　番茄酱 ………… 1大匙
　番茄碎 ………… 1大匙
　低筋面粉 …… 14克
C 牛骨高汤·600毫升
（做法参考P17）

熟通心面 ………… 50克
欧芹碎 ……… 1/4小匙

● 调味料

盐 ………… 少许
黑胡椒粉(粗) …… 少许
糖 ………… 少许

● 做法

1. 取一平底锅，用小火将奶油烧至融化，放入香叶、洋葱丝、牛肉泥，以小火炒约5分钟至香味溢出。

2. 依序加入所有材料B，拌炒约3分钟后，加入牛骨高汤，以小火拌煮至滚沸，加入调味料调味，再加入熟通心面，最后撒上欧芹碎即可。

197 | 奶油胡萝卜汤

● 材料

胡萝卜 ………… 200克
洋葱 ………… 1/3个
西芹 ………… 2棵
蒜头 ………… 2颗
吐司面包 ………… 1片
鸡肉高汤 …… 700毫升
西式香料 …… 1大匙

香叶 ………… 1片
● 调味料
黑胡椒粉 ………… 少许
豆蔻粉 ………… 1小匙
鲜奶油 ………… 30毫升
奶油 ………… 1大匙
盐 ………… 少许

● 做法

1. 胡萝卜、洋葱、西芹洗净切成小丁；蒜头切片。

2. 吐司面包烤酥后切块备用。

3. 取一个炒锅，加入2大匙色拉油，再加入做法1的所有材料，以中火炒香后，加入所有调味料及西式香料、香叶，继续炒均匀。

4. 将鸡肉高汤倒入锅中，盖上锅盖，以中火煮约20分钟。

5. 将做法4的材料倒入榨汁机打成泥，再倒入原锅中以中火煮开，起锅时加入吐司面包块作装饰即可。

198 | 胡萝卜茸汤

● 材料

胡萝卜............200克
土豆................60克
奶油................50克
洋葱................40克
西芹................20克
鸡高汤........600毫升
（做法参考P16）
欧芹叶..............少许

● 调味料

番茄酱............2小匙
盐................1/2小匙

● 做法

1. 将胡萝卜、土豆、洋葱均去皮，与西芹一起洗净、切丁。

2. 汤锅中放入奶油烧融，加入做法1的所有材料，以小火炒约1分钟后，倒入鸡高汤，以小火煮约25分钟。

3. 将做法2的材料倒入榨汁机中打成泥，再倒回原锅中，加入番茄酱和盐，再次煮沸，最后以欧芹叶装饰即可。

ips 好汤有技巧

胡萝卜的纤维比较紧密，打泥时可以稍微搅打长一点的时间（但也不要搅打太久使营养流失），让颗粒更细一点，这样做出来的浓汤喝起来才不会有粗糙的、有渣的感觉。

199 | 匈牙利牛肉汤

● 材料

牛肉·················300克
薏米··················50克
胡萝卜················50克
番茄···················1个
洋葱··················1/2个
蒜头···················3个
小葱···················1根
高汤···········800毫升
香叶···················2片

● 调味料

匈牙利红椒粉··1小匙
黑胡椒粉··········少许
番茄酱············2大匙
奶油················1大匙
盐····················少许

● 做法

1. 牛肉洗净切块备用。
2. 薏米洗净，以水泡约3小时备用。
3. 胡萝卜、番茄、洋葱洗净切块；蒜头切片；小葱洗净切碎备用。
4. 起一个油锅，加入做法3的所有材料，以中火爆香。
5. 锅中加入牛肉块翻炒均匀，再加入薏米与所有调味料、香叶。
6. 锅中加入高汤，盖上锅盖，以中火煮约25分钟即可。

Tips 好汤有技巧

此汤所加的是西式红椒粉，而不是一般的红辣椒粉，因为这道汤只需要有点红颜色即可，而不是让味道变辣。此外，红椒粉量不要加太多，否则会让汤变苦。

200 | 咖喱海鲜浓汤

● 材料

鲷鱼片…………100克
蛤蜊…………100克
草虾…………4只
洋葱…………1/3个
小葱…………1根
蒜头…………3个
土豆…………1个
鱼高汤………700毫升
（做法参考P17）

● 调味料

A 白胡椒粉……少许
  咖喱粉………2大匙
  牛奶…………30毫升
  盐…………少许
  糖…………1小匙
B 奶油…………1大匙
  面粉…………2大匙

● 做法

1. 鲷鱼片洗净切小丁；草虾洗净剪须，开背去沙筋；蛤蜊以盐水泡20分钟后，洗净备用。

2. 小葱洗净切碎，洋葱、蒜头、土豆都洗净去皮，切成小丁备用。

3. 取汤锅，加入1大匙色拉油，再加入做法2的所有材料炒香后，继续加入调味料A，翻炒均匀。

4. 锅中倒入鱼高汤，盖上锅盖，以中火煮约15分钟，再加入做法1的所有海鲜料，盖上锅盖继续熬煮5分钟。

5. 加入调味料B，煮至浓稠即可。

201 | 海鲜苹果盅

● 材料

A 鳕鱼块………200克
  洋葱末………80克
  芹菜末………适量
  水淀粉………适量
B 青苹果丁…150克
  虾仁…………70克
  蛤蜊…………80克
  鲜香菇丁……30克

胡萝卜丁………20克
小黄瓜丁………40克

● 调味料

奶油…………50克
鲜奶…………1000毫升
盐…………1/2小匙
米酒…………30毫升

● 做法

1. 起一炒锅，爆香洋葱末，加入所有调味料拌匀后，加入鳕鱼块与材料B，一同煮至蛤蜊开壳，再用水淀粉勾芡。

2. 食用时装入合适容器中，再撒上芹菜末即可。

Tips 好汤有技巧

这道浓汤烹煮前须先除掉鱼的刺与骨，这种做法适合使用大型鱼，以肉质软嫩、刺少的鱼种为佳，如鳕鱼、鲱鳂鱼、三文鱼等。

202 | 鸡肉鲜奶汤

● 材料

鸡肉⋯⋯⋯⋯⋯100克
口蘑⋯⋯⋯⋯⋯50克
奶油⋯⋯⋯⋯⋯50克
鸡蛋⋯⋯⋯⋯⋯2个
小葱⋯⋯⋯⋯⋯1根
香芹⋯⋯⋯⋯⋯1棵
面粉⋯⋯⋯⋯⋯1小匙
鸡肉高汤⋯⋯500毫升
鲜奶油⋯⋯⋯100毫升

● 调味料

盐⋯⋯⋯⋯⋯⋯1小匙

● 做法

1. 鸡肉洗净后，放入锅中煮熟，取出切粒；口蘑洗净切末；小葱洗净切小段；香芹洗净切末备用。

2. 将鸡蛋洗净，放入锅中并加入足量冷水，以大火煮开后再以小火煮约10分钟，取出鸡蛋冲水冷却，剥壳后切碎。

3. 将奶油放入锅中烧融，加入小葱以小火炒出香味后，再加入面粉继续炒至微黄，最后倒入鸡肉高汤，一边搅拌一边煮至均匀。

4. 将鸡肉、口蘑末和鲜奶油、盐加入锅中，以小火保持微沸的状态煮约15分钟后盛出，撒上香芹末即可。

203 | 西蓝花乳酪汤

● 材料

西蓝花············200克
洋葱···············80克
土豆··············100克
胡萝卜············50克
熟鸡肉·············80克
奶酪··············180克
奶油···············50克

鸡肉高汤···1000毫升
鲜奶··········100毫升

● 调味料

盐·····················1小匙

● 做法

1. 将西蓝花去除粗茎，洗净切小朵；熟鸡肉切丁；奶酪刨丝。
2. 将洋葱、土豆、胡萝卜均洗净，去皮切丁。
3. 将奶油放入锅中烧融，加入洋葱丁以小火炒至变软，再加入胡萝卜丁和土豆丁炒匀。
4. 锅中加入鸡肉高汤，以中火煮约15分钟，再加入西蓝花、鸡肉丁、鲜奶及150克奶酪丝，继续煮约10分钟后，加入盐调味盛起。
5. 撒上30克奶酪丝即可。

204 | 玉米翠绿浓汤

● 材料

新鲜玉米粒·····150克
上海青叶··········30克
香菜叶············30克
奶油···············20克
玉米酱········400毫升
水··············300毫升
牛奶···········200毫升
动物性鲜奶油50毫升

● 调味料

盐·····················少许
胡椒粉··············少许
鸡精··················少许

● 做法

1. 将上海青叶与香菜叶洗净，撕成小片，放入榨汁机中，加入100毫升水与少许盐搅打成泥，倒出备用。
2. 热锅放入奶油，以小火烧融，再倒入青菜泥拌炒均匀，加入200毫升水以大火煮开，加入玉米酱、新鲜玉米粒、牛奶与动物性鲜奶油煮开，最后以盐、胡椒粉、鸡精调味即可。

205 | 豆茸汤

● 材料

豌豆·············150克
土豆·············50克
洋葱·············50克
西芹·············30克
胡萝卜·············30克
培根·············20克
鸡高汤·········500毫升
（做法参考P16）

● 调味料

盐·············1/2茶匙

● 做法

1. 将培根洗净、切细条；土豆、洋葱、胡萝卜均去皮，与西芹一起洗净、切小块。

2. 将做法1的所有材料和鸡高汤、豌豆一起放入汤锅中，以中火煮约20分钟。

3. 将胡萝卜和西芹捞出，其余材料放入调理机打成泥后，再倒回锅中煮沸即可。

Tips 好汤有技巧

豌豆如果能先去皮，做出来的浓汤口感会更细致，去皮的方法：先汆烫一下，再放入冷水中以双手轻轻搓揉，换水，待外皮浮起后捞掉即可。

206 | 鲜虾菠菜浓汤

● 材料

菠菜·············· 50克
海鲜高汤···· 250毫升
奶油········· 1/2大匙
洋葱末·········· 1大匙
口蘑末·········· 1大匙
低筋面粉········ 1大匙
鲜奶油········· 50毫升
虾仁·············· 30克
奶酪粉········· 少许
罗勒················· 1片

● 调味料

盐·············· 1/4小匙

● 做法

1. 将菠菜和海鲜高汤一起放入搅拌机内，打成菠菜汁后取出备用。

2. 取一炒锅，以小火将奶油烧融后，放入洋葱末、口蘑末炒香，再放入低筋面粉继续炒香。

3. 加入鲜奶油、菠菜汁、虾仁，以小火煮约5分钟，至呈浓稠状后加入盐调味，再倒入碗中，最后撒上奶酪粉、加入罗勒作装饰即可。

207 | 西琼脂鸡茸汤

● 材料

鸡胸肉········· 300克
西琼脂········· 200克
牛油或奶油····1大匙
鲜奶········· 100毫升
低筋面粉········ 1大匙
水·············· 600毫升

● 调味料

盐·············· 1/2小匙

● 做法

1. 将牛油放入锅中以小火烧融，加入低筋面粉略炒至均匀吸收即成面糊，盛出备用。

2. 鸡胸肉洗净，沥干水分后剁成鸡茸备用。

3. 西琼脂洗净，放入600毫升沸水中，以小火煮20分钟，捞出泡入冷水中，冷却后切成细末，汤汁留下备用。

4. 将汤汁以中小火煮开，先加入盐煮匀，再将鸡蓉慢慢加入并立刻搅散，再加入鲜奶煮匀后慢慢加入面糊，待汤汁浓稠后加入西琼脂末即可。

208 | 牛尾汤

● 材料

牛尾…………… 500克
西芹…………… 100克
胡萝卜………… 150克
土豆…………… 150克
洋葱…………… 100克
奶油…………… 80克
牛骨高汤··5000毫升
（做法参考P17）
欧芹叶………… 少许

● 调味料

番茄糊………… 4小匙
红酒………… 100毫升
意大利综合香料1/2小匙
盐 …………… 2小匙
面糊…………… 3小匙

● 做法

1. 将牛尾洗净，切块。

2. 将土豆、胡萝卜去皮，与西芹一起洗净
   后切小丁；洋葱洗净，去皮后切大片。

3. 奶油放入锅中烧融，加入牛尾块以大火
   炒至变色，再加入做法2的所有材料，改
   中火继续炒约3分钟。

4. 将番茄糊放入锅中以小火炒约3分钟，再
   加入牛骨高汤、红酒、意大利综合香料
   拌匀，移入高压锅煮约90分钟至熟透。

5. 取出牛尾块并且去骨、切粒后，放回汤
   锅中以盐调味，再慢慢加入面糊，以小
   火煮至浓稠即可。

209 | 芦笋浓汤

● 材料

芦笋·············· 20克
高汤·········· 250毫升
火腿·············· 1片
奶油··········· 1/2大匙
洋葱末·············· 1大匙
面粉·············· 1大匙
鲜奶油········ 50毫升
罗勒·············· 1片

● 调味料

盐·············· 1/4小匙

● 做法

1. 取10克芦笋和高汤一起放入榨汁机内,打成芦笋汁后取出备用;另外10克芦笋切段备用;火腿切丝备用。
2. 取一炒锅,以小火加热奶油后,放入洋葱末炒香,再放入面粉继续炒香。
3. 加入鲜奶油、芦笋汁、芦笋段、火腿丝,以小火煮约5分钟至稠后,加入盐调味即可。

210 | 鲜牡蛎浓汤

● 材料

鲜牡蛎·········150克
洋葱················50克
口蘑片···········50克
土豆················60克
胡萝卜··········20克
奶油················20克
低筋面粉·········2大匙

鲜奶油··········1/2大匙
水··············500毫升

● 调味料

白酒··················少许
盐·····················少许
胡椒粉···············少许

● 做法

1. 鲜牡蛎洗净沥干水分后,放入沸水中余烫一下即取出备用。
2. 口蘑洗净切片,洋葱、土豆、胡萝卜均洗净去皮,切成小片备用。
3. 取一炒锅,放入奶油,待奶油融化后,放入洋葱片、口蘑片炒香,再放入土豆片、胡萝卜片炒熟,继续加入低筋面粉一同炒香,最后慢慢加入水拌煮至汤汁浓稠。
4. 锅中继续加入调味料、鲜牡蛎、鲜奶油,待汤汁煮沸即可。

Tips **好汤**有技巧·············

富含胶质的乳白色汤汁又称为奶汤，不但味道香浓，营养价值也很高。奶汤必须选择胶质含量高的材料制作，通过油煎使汤汁由油、水、胶质乳化结合成奶汤。

211 | **草鱼头豆腐汤**

● 材料

草鱼头·················1个
老豆腐·················2块
老姜·················50克
葱·················2根
水·············2000毫升

● 调味料

盐·················1小匙

● 做法

1. 草鱼头刮净鱼鳞、清洗干净，以厨房纸巾吸干水分备用。
2. 老豆腐洗净切长方块备用。
3. 老姜去皮洗净切片，葱洗净切段备用。
4. 热锅倒入4大匙油烧热，放入草鱼头以中火将两面煎至酥黄，放入姜片及葱段，改小火煎至姜、葱干扁，再加入2000毫升水及豆腐以大火煮沸，转中小火加盖继续煮约30分钟，最后以盐调味即可。

212 | 黄瓜鸡肉冷汤

● 材料

鸡胸肉……………1片
大黄瓜……………1条
洋葱……………1/3个
蒜头……………1颗
西芹……………1棵
水……………600毫升
香叶……………1片
百里香…………1小匙

● 调味料

黑胡椒粉………少许
盐………少许

● 做法

1. 鸡胸肉洗净；大黄瓜洗净去皮去籽，切片；洋葱、蒜头、西芹洗净切碎，备用。

2. 取一油锅，加入做法2的所有材料，以中火翻炒均匀。加入水没过材料，煮沸即成黄瓜汤。

3. 锅中倒入冷开水，并加入鸡胸肉，盖上锅盖以中火煮约10分钟后，将鸡胸肉捞起，撕成细丝备用。

4. 将黄瓜汤倒入榨汁机打成泥状，隔水放入冰水中，让汤汁冷却，加入鸡胸肉丝即可。

213 | 番茄香根冷汤

● 材料

番茄……………2个
西芹……………1棵
洋葱……………1/3个
香菜……………3棵
罗勒……………2根
水……………600毫升

● 调味料

黑胡椒粉………少许
盐………少许
糖………1大匙

● 做法

1. 番茄去蒂洗净，切成小块；西芹、洋葱洗净切成小丁；香菜、罗勒洗净，取叶。

2. 取一个汤锅，加入一大匙橄榄油，再加入做法1的所有材料，以中火翻炒均匀。

3. 锅中加入水，盖过主体材料，再加入所有调味料，盖上锅盖煮约10分钟。

4. 将做法3的番茄汤放入榨汁机，打成糊。

5. 将番茄糊汤过筛，隔水放入冰水中，让汤汁急速冷却即可。

214 | 酸辣汤

● 材料

猪血······················50克
笋丝······················50克
肉丝······················30克
金针菇··················30克
盒装豆腐············1/2块
葱花······················1小匙
鸡蛋液···················少许
水······················600毫升
水淀粉·················1大匙

● 调味料

A
盐························1/4小匙
鸡精······················1/2小匙
白醋······················2小匙
乌醋······················1大匙
B
白胡椒粉···········适量
香油···················1小匙

● 做法

1. 将豆腐和猪血切丝，和金针菇、笋丝、肉丝一起放入沸水中汆烫，捞起备用。

2. 取汤锅倒入水，煮沸后加入调味料A，放入做法1的所有材料煮开，再加入水淀粉勾芡。

3. 均匀淋入鸡蛋液，约10秒后用汤勺打散成蛋花。

4. 食用时淋入香油，再撒上白胡椒粉和葱花即可。

215 | 川味酸辣汤

● 材料

猪血·················30克
竹笋·················30克
嫩豆腐··············1/2块
黑木耳···············2片
金针菇··············1/2把
猪肉·················50克
香菜·················少许
鸡高汤·········650毫升
（做法参考P16）

● 腌料

酱油················1小匙
淀粉················1小匙
香油················1小匙

● 调味料

白胡椒粉············少许
辣豆瓣酱···········1大匙
沙茶酱·············1大匙
鸡精···············1小匙
盐·················少许
乌醋···············1大匙

● 做法

1. 猪血、嫩豆腐、竹笋洗净切条；黑木耳洗净切丝；金针菇洗净去蒂切段，备用。

2. 猪肉洗净切成丝，加入所有腌料，腌约15分钟备用。

3. 取一个汤锅，加入做法1的所有材料、所有调味料（乌醋除外）与鸡高汤，盖上锅盖，以中小火煮约10分钟。

4. 锅中加入猪肉丝，以中火继续煮约5分钟，起锅前加入乌醋即可。

216 | 大卤羹汤

● 材料

五花肉片·········150克
香菇丝（泡发）30克
竹笋丝··············50克
虾皮（泡发）·····5克
胡萝卜··············50克
黑木耳丝···········50克
金针菇··············50克
鸡蛋液·············适量
蒜末···············1大匙
水淀粉·············适量

● 调味料

猪大骨高汤·1500毫升
（做法参考P15）
盐·················1小匙
鸡精···············1小匙
酱油···············60毫升
米酒···············60毫升
白胡椒粉···········1大匙
香油···············适量

● 做法

1. 热锅，倒入适量色拉油，将已泡发的香菇丝入锅炒干。

2. 放入虾皮、五花肉片、竹笋丝、胡萝卜丝、黑木耳丝、金针菇及蒜末炒香。

3. 加入所有调味料煮至沸腾，以水淀粉勾芡，再加入鸡蛋液拌匀即可。

217 | 赤肉羹汤

● 材料
猪后腿瘦肉·····150克
包心白菜丝·····100克
鱼浆·················30克
笋丝·················30克
胡萝卜丝··········20克
黑木耳丝··········20克
油葱酥·············15克
猪骨高汤·····500毫升
水淀粉··········1.5大匙

● 腌料
盐·················1/2小匙
白胡椒粉········1/4小匙
米酒·················1小匙
香油·············1/2小匙
淀粉·················1小匙

● 调味料
盐·················1小匙
白胡椒粉········1/4小匙
香油·············1/2小匙

● 做法
1. 将猪后腿瘦肉洗净，顺纹络切成3厘米长的条，加入所有腌料搅拌数十下，再加入鱼浆搅拌均匀，即成赤肉羹。
2. 将包心白菜丝、胡萝卜丝、笋丝和黑木耳丝放入沸水中汆烫，捞起备用。
3. 取汤锅，倒入猪骨高汤煮沸，加入油葱酥，转小火，分次抓取赤肉羹放入高汤中烫熟。
4. 加入做法2的所有材料和所有调味料，并以水淀粉勾芡即可。

218 | 萝卜排骨酥羹

● 材料

排骨·············200克
白萝卜··········200克
地瓜粉··········3大匙
黑木耳·············2片
水淀粉··········2大匙
猪骨高汤·····800毫升

● 腌料

白胡椒粉·········1小匙
五香粉···········1小匙
淀粉·············1小匙
酱油·············1小匙

● 调味料

白胡椒粉·········少许
沙茶酱···········1大匙
乌醋·············1大匙
盐···············少许

● 做法

1. 排骨洗净切成小块，加入所有腌料，腌约15分钟，均匀沾裹地瓜粉，放入油温约170℃的油锅中炸成金黄色，捞起沥油备用。

2. 白萝卜洗净去皮切成块，黑木耳洗净切成丝备用。

3. 取一个汤锅，加入排骨、白萝卜、黑木耳丝和所有调味料，并加入猪骨高汤，盖上锅盖，以中火煮约20分钟。

4. 加入水淀粉勾薄芡，煮至浓稠即可。

219 | 虮鱿鱼羹

● 材料

虮鱿鱼············600克
大白菜············600克
鳊鱼················40克
蒜末················60克
海鲜高汤··3000毫升
地瓜粉············适量
香菜················少许
水淀粉············适量

糖····················1/4小匙
蒜泥················少许
米酒················1大匙
胡椒粉············少许

● 腌料

酱油················1小匙
盐····················1/4小匙

● 调味料

A 盐 ··············1小匙
  糖 ··············1小匙
  鸡精··········1/2小匙
B 胡椒粉··········少许
  乌醋··············少许

● 做法

1. 虮鱿鱼洗净，切小块后放入混合拌匀的腌料中腌约30分钟，均匀沾裹上地瓜粉备用。

2. 取锅，倒入半锅油烧热至油温约160℃，放入蒜末炸酥，捞起沥油，再放入虮鱿鱼块炸至外观金黄，捞起沥油备用。

3. 将鳊鱼放入油锅中炸酥，捞出沥油，再压碎备用。

4. 大白菜洗净，放入沸水中余烫，捞出备用。

5. 取锅，加入海鲜高汤煮至滚沸，放入大白菜、压碎的鳊鱼酥、少许蒜末，煮沸后加入调味料A拌匀，以水淀粉勾芡，食用前再加入虮鱿鱼块、调味料B和香菜略拌匀，盛入碗中即可。

220 蟹肉豆腐羹

● 材料
蟹腿肉…………300克
胡萝卜…………50克
盒装豆腐………1/2盒
四季豆…………4根
鲜笋……………1/2支
海鲜高汤……500毫升
水淀粉…………1大匙

● 调味料
盐………………1/2小匙
白胡椒粉………1/2小匙
香油……………1小匙

● 做法
1. 将胡萝卜、鲜笋洗净切成菱形片，四季豆洗净切丁，分别放入沸水中汆烫捞起；豆腐切小块，备用。
2. 蟹腿肉洗净，放入沸水中泡约3分钟后，捞出备用。
3. 取汤锅，倒入海鲜高汤煮沸，加入所有调味料及做法1、做法2的所有材料煮开，再用水淀粉勾芡即可。

221 蟹肉冬瓜羹

● 材料
蟹腿肉…………100克
冬瓜……………200克
姜………………10克
小葱……………1根
蒜头……………2颗
鸡高汤………600毫升
（做法参考P16）

● 调味料
盐………………少许
白胡椒粉………少许
米酒……………2大匙
香油……………1小匙
鸡精……………1小匙

● 做法
1. 冬瓜洗净去皮，切成小块，和鸡高汤一起放入搅拌机搅打，倒入汤锅备用。
2. 姜、小葱、蒜头都洗净切碎备用。
3. 蟹腿肉洗净备用。
4. 在冬瓜泥中，加入做法2的所有材料和蟹腿肉，以中火煮约10分钟。
5. 锅中加入所有调味料，以中小火继续煮约5分钟即可。

222 | 沙茶鱿鱼羹

◉ 材料

鱿鱼片..........400克
笋片..............80克
胡萝卜片..........30克
蒜末..............15克
辣椒片............15克
姜末..............10克
海鲜高汤...1000毫升
地瓜粉水..........适量
罗勒..............少许

◉ 调味料

盐................1/2小匙
鸡精..............1/2小匙
糖................1/2小匙
沙茶酱............1大匙

◉ 做法

1. 鱿鱼片洗净备用。
2. 取锅，加入2大匙油烧热，放入姜末、蒜末和辣椒片爆香后，放入胡萝卜片、笋片和鱿鱼片拌炒。
3. 倒入海鲜高汤煮至滚沸后，加入所有调味料煮匀，以地瓜粉水勾芡，盛入碗中，加上罗勒作装饰即可。

223 | 生炒墨鱼羹

● 材料

墨鱼	300克	地瓜粉水	适量

● 调味料

桶笋	80克	米酒	1大匙
胡萝卜	30克	盐	1/2小匙
小葱	1根	鸡精	1/2小匙
猪油	2大匙	细砂糖	1小匙
蒜末	10克	白醋	2小匙
辣椒末	10克	乌醋	1小匙
热水	300毫升		

● 做法

1. 将墨鱼洗净，切成大块；桶笋洗净切片；胡萝卜削皮洗净切片；小葱洗净切段备用。
2. 锅烧热，加入猪油烧至融化成透明的油。
3. 加入葱段、蒜末、辣椒末爆香。
4. 陆续加入墨鱼片、桶笋片、胡萝卜片略炒，倒入热水煮开。
5. 陆续倒入米酒、盐、鸡精、细砂糖，煮至再度沸腾，以地瓜粉水勾芡，起锅前淋入白醋与乌醋拌匀即可。

224 | 墨鱼酥羹

● 材料

墨鱼	250克	米酒	1小匙
白菜	200克	胡椒粉	少许
金针菇	25克	蛋黄	1个
鲜香菇	2朵	淀粉	少许
胡萝卜	20克	● 调味料	
地瓜粉	适量	A 米酒	1/2大匙
笋丝	50克	盐	1/2小匙
蒜末	10克	鸡精	1/3小匙
辣椒末	10克	冰糖	1/2大匙
水	400毫升	白醋	1小匙
水淀粉	适量	B 乌醋	少许
		胡椒粉	少许

● 做法

1. 墨鱼洗净切块，依次加盐、细砂糖、蒜末、姜末、米酒、胡椒粉与蛋黄、淀粉，拌匀腌渍约30分钟。
2. 白菜洗净切条；金针菇洗净去蒂；鲜香菇洗净切丝；胡萝卜去皮洗净，切长片备用。
3. 将腌好的墨鱼块均匀沾裹地瓜粉，放入油锅中炸至浮起呈金黄色，捞出沥干油，即为墨鱼酥。
4. 取锅烧热后倒入2大匙油，将蒜末爆香，再放入白菜条、金针菇、香菇丝、胡萝卜片与笋丝炒软，续加入水，煮沸后放入调味料A炒匀。
5. 待煮至汤汁滚沸时，加入水淀粉勾芡，再放入墨鱼酥，起锅前放入调味料B拌匀即可。

225 | 虾仁羹蛋包汤

● 材料

市售虾仁羹……200克
鸡蛋……………………3个
笋丝…………………适量
海鲜高汤……800毫升
水淀粉………………适量
蒜酥…………………适量
芹菜末……………少许

● 调味料

盐………………1/2小匙
鸡精…………1/2小匙
冰糖……………1小匙

● 做法

1. 热锅，加入适量水煮开，打入鸡蛋以小火煮至微熟。
2. 另取一锅，加入海鲜高汤煮沸，放入调味料煮匀，以水淀粉勾芡，接着加入虾仁羹与笋丝煮至入味。
3. 锅中加入蛋包，食用时加入蒜酥和芹菜末增香即可。

226 | 泰式虾仁羹

● 材料

市售虾仁羹……600克
番茄………………………1个
金针菇………………20克
笋丝…………………50克
黑木耳丝…………30克
海鲜高汤··2000毫升
香菜叶………………少许

● 调味料

A 柠檬汁………2大匙
　泰式辣椒膏·1大匙
　盐…………1/2小匙
　白砂糖………1小匙
　鱼露………1/2小匙
B 淀粉…………50克
　水…………75毫升

● 做法

1. 番茄放入沸水中略氽烫后取出，去皮、切条；金针菇去蒂、洗净，并和笋丝、黑木耳丝一起放入沸水中氽烫至熟后捞出。
2. 将做法1的材料放入装有海鲜高汤的锅中，以中大火煮至滚沸，再加入调味料A和虾仁羹，继续以中大火煮至滚沸。
3. 将调味料B调匀，缓缓淋入锅中，一边搅拌至完全淋入，待再次滚沸后熄火，盛入碗中并趁热撒上少许香菜叶即可。

227 鲜虾仁羹

● 材料

虾仁…………250克
白菜…………300克
笋丝…………100克
蒜末…………10克
辣椒末…………10克
姜末…………10克
干香菇…………2朵
热水…………350毫升
水淀粉…………适量

● 调味料

米酒…………1大匙
盐…………1/3小匙
鸡精…………1/3小匙
蚝油…………1/2大匙
乌醋…………1/2大匙

● 做法

1. 虾仁处理完毕后，放入油锅中过油，至颜色变红后捞出，沥干油备用。
2. 白菜洗净切片；干香菇洗净泡软切丝，备用。
3. 取锅烧热后倒入2大匙油，加入蒜末、辣椒末、姜末爆香，再放入白菜片、笋丝炒软。
4. 加入虾仁拌炒，再加上米酒，倒入热水，煮沸后放入其余调味料拌匀。
5. 煮至汤汁滚沸时，以水淀粉勾芡熄火即可。

228 冬菜虾仁羹

● 材料

市售虾仁羹…600克
笋丝…………30克
蒜末…………20克
鸡蛋…………1个
水淀粉…………适量
冬菜…………适量
蒜酥…………适量
香菜…………少许
海鲜高汤…1400毫升

● 调味料

盐…………1小匙
鲣鱼粉…………1小匙
冰糖…………1小匙
胡椒粉…………少许
香油…………少许

● 做法

1. 鸡蛋打散成蛋液；笋丝洗好放入沸水中氽烫一下捞出，备用。
2. 热一锅，以少许色拉油爆香蒜末，接着加入海鲜高汤，放入笋签煮沸，再加入所有调味料调匀，最后将蛋液边倒入边搅散。
3. 加入水淀粉勾芡，接着放入虾仁羹煮熟后保温，食用时加入冬菜、蒜酥增香即可。

229 生炒鸭肉羹

● 材料

鸭骨...............600克
姜片..............20克
米酒..............50毫升
水...............2000毫升
去骨鸭肉..........300克
熟笋丝............100克
黑木耳丝..........50克
姜丝..............15克
蒜末..............5克
水淀粉............适量

米酒..............1大匙
盐................少许
淀粉..............少许

● 调味料

A
盐................1/2小匙
鸡精..............1/2小匙
糖................1小匙
胡椒粉............少许
B
乌醋..............少许
香油..............少许

● 腌料

酱油..............少许

● 做法

1. 鸭骨洗净，放入沸水中汆烫后，捞起冲水洗净沥干备用。

2. 取锅，加入水、姜片、米酒和鸭骨煮至滚沸，转小火煮约50分钟后，沥出高汤备用。

3. 将去骨鸭肉洗净沥干切片，加入混合拌匀的腌料中腌约15分钟备用。

4. 取锅，加入2大匙油烧热，放入姜丝和蒜末爆香后，放入鸭肉炒至变色。

5. 加入笋丝、黑木耳丝和1300毫升鸭高汤煮至滚沸后，加入调味料A煮匀，再以水淀粉勾芡，最后盛入碗中，加入调味料B即可。

230 | 玉米鸡茸羹

● 材料

新鲜玉米粒·····150克
鸡胸肉·············80克
洋葱···············1/3个
小葱················1根
胡萝卜············30克
鸡高汤·······600毫升
（做法参考P16）

● 调味料

A 黑胡椒粉·········少许
  香叶··················1片
  鲜奶油·······30毫升
  盐······················少许
B 奶油···············1大匙
  面粉···············2大匙

● 做法

1. 新鲜玉米用刀取下备用；鸡胸肉洗净切成小丁备用。
2. 洋葱、小葱、胡萝卜均洗净切成小丁备用。
3. 起一油锅，加入鸡胸肉，以中火炒香后，加入新鲜玉米粒、做法2的所有材料和调味料A，以中火翻炒均匀。
4. 倒入鸡高汤，盖上锅盖，以中火煮约15分钟。
5. 汤中加入调味料B，搅拌均匀，以中火煮至浓稠即可。

231 | 莼菜鸡丝羹

● 材料

鸡胸肉··········· 100克
笋丝············· 20克
绿豆芽············ 10克
干香菇············ 4朵
鸡肉高汤··· 700毫升
莼菜············· 1/2瓶
水淀粉············· 适量
香菜··············· 少许

● 调味料

盐·············· 1/2小匙
酱油·············· 2小匙
乌醋·············· 1大匙

● 做法

1. 将鸡胸肉烫熟后，用手撕成丝备用；干香菇洗净以水泡发后，切成丝备用；绿豆芽洗净过水汆烫备用。
2. 取一汤锅，加入鸡肉高汤、莼菜、香菇丝、笋丝，以大火煮开后加入鸡丝、盐、酱油。
3. 在做法2的材料中加入水淀粉勾芡后，再加入乌醋，装碗时放上绿豆芽及香菜即可。

Tips 好汤有技巧

莼菜是一种水生植物，又名水葵，在南北货行有瓶装的出售。

232 | 鸡粒瓜茸羹

● 材料

去皮冬瓜⋯⋯⋯200克
鸡胸肉⋯⋯⋯⋯200克
鲜香菇⋯⋯⋯⋯⋯2朵
胡萝卜⋯⋯⋯⋯⋯适量
淀粉⋯⋯⋯⋯⋯2大匙
水⋯⋯⋯⋯⋯800毫升

● 调味料

盐⋯⋯⋯⋯⋯⋯1小匙
胡椒粉⋯⋯⋯⋯1/2小匙
香油⋯⋯⋯⋯⋯1小匙

● 做法

1. 去皮冬瓜洗净，切块后放入沸水中，以小火煮30分钟，捞出放凉后，放入搅拌机打成瓜泥备用。
2. 鸡胸肉洗净，剁成茸；鲜香菇洗净切末备用。
3. 胡萝卜洗净，去皮后放入沸水中汆烫至熟，捞出切末备用。
4. 淀粉中加入2大匙水调匀备用。
5. 取一汤锅，加入800毫升水以中大火烧开，加入瓜泥、香菇末及盐、胡椒粉以中小火再次煮沸。
6. 慢慢加入鸡茸煮匀，分次淋入水淀粉勾芡，最后淋上香油、撒上胡萝卜末即可。

233 | 酸辣牡蛎羹

● 材料

牡蛎……………150克
地瓜粉…………100克
盐………………1/2小匙
酸辣羹汤…………适量
香菜叶……………少许
葱末………………少许

● 做法

1. 牡蛎放入碗中，加入盐轻轻拌匀，并挑出碎壳，再以清水冲洗至水清后沥干水分。
2. 锅中加水至约6分满，烧热至85~90℃，将牡蛎表面均匀沾上地瓜粉，放入热水中以小火煮约3分钟后捞出，泡入冷水中。
3. 将酸辣羹汤以中大火煮沸，加入牡蛎拌匀，盛入碗中后，趁热撒上少许香菜叶及葱末即可。

Tips 好汤有技巧 ⋯⋯⋯⋯⋯

酸辣羹汤

　　酸辣羹汤是最适合搭配海鲜口味的羹，如：牡蛎羹、虱目鱼羹、虾仁羹、鱿鱼羹等，具有消除海鲜腥味和增加鲜味的效果。

调味料：

A 笋丝50克、黑木耳丝20克、胡萝卜丝20克、柴鱼片8克、海鲜高汤2000毫升、鸡蛋1个
B 细红辣椒粉2克、盐1小匙、白砂糖1大匙、白醋1.5小匙、乌醋1.5小匙
C 淀粉50克、水75毫升
D 辣椒油少许

做法：

1. 将笋丝、黑木耳丝、胡萝卜丝放入沸水汆烫，捞起放入盛有海鲜高汤的锅中，以中大火煮沸后，加入调味料B、柴鱼片以中大火煮沸。
2. 将调味料C调匀，缓缓淋入锅中，并一边搅拌至完全淋入，待再次滚沸后熄火，将鸡蛋打散，高高举起，以划圈的方式慢慢淋入，3秒钟后再搅散成蛋花，盛入碗中，淋上辣椒油即可。

234 | 西湖牛肉羹

● 材料

牛肉············· 100克
芥蓝梗·········· 50克
淀粉············· 1大匙
干香菇··········· 2朵
葱·············· 1/2根
牛骨高汤·· 1500毫升
水淀粉········· 适量
蛋清············· 1个

● 调味料

A 酱油··········· 1小匙
　糖············· 1小匙
　酒············· 1大匙
　白胡椒粉······· 少许
B 盐············· 1小匙
　糖············· 1小匙
　米酒··········· 1大匙
　白胡椒粉········· 少许

● 做法

1. 牛肉洗净切小丁，加入调味料A及淀粉一起腌制备用；芥蓝梗洗净切成小丁，干香菇洗净泡软后切小丁，葱切成葱花一起备用。

2. 取一汤锅，放入牛骨高汤后再放入牛肉丁、芥蓝丁及香菇丁，以大火加热煮开后捞出浮沫，再加入调味料B调味。

3. 以中火煮沸后，以水淀粉勾芡，起锅前淋入蛋清并搅散成蛋花，最后撒上葱花即可。

235 | 生牡蛎豆腐羹

● 材料

牡蛎……………100克
嫩豆腐…………1/2盒
蒜头………………3颗
虾米……………1大匙
猪肉泥……………50克
海鲜高汤……600毫升
香菜叶……………少许
水淀粉……………1大匙

● 调味料

盐………………少许
白胡椒粉…………少许
香油……………1小匙
米酒……………1大匙
黄豆酱…………1大匙
淀粉……………1大匙

● 做法

1. 牡蛎洗净挑除壳，沥干水分，沾裹淀粉，放入热水中汆烫后捞起备用。
2. 嫩豆腐切成小丁；蒜头去皮切成片；虾米以水泡约10分钟，备用。
3. 起一油锅，加入猪肉泥、蒜头片、虾米，以中火先爆香，再加入所有调味料和海鲜高汤，以中火煮约10分钟。
4. 锅中加入牡蛎，以中火煮沸后，起锅前再加入水淀粉勾薄芡即可。

236 | 香芋牛肉羹

● 材料

去皮芋头………300克
牛肉泥…………150克
淀粉……………1小匙
水………………600毫升

● 腌料

盐………………1/4小匙
淀粉……………1小匙
水………………15毫升
小苏打…………1/4小匙

● 调味料

盐………………1/2小匙   胡椒粉…………1/2小匙

● 做法

1. 牛肉泥加入腌料拌匀并腌约30分钟，放入沸水中汆烫，捞出沥干水分备用。
2. 淀粉加1小匙水调匀备用。
3. 去皮芋头洗净切厚片，放入电锅蒸约20分钟，取出待凉，取一半抓成泥，另一半切小丁备用。
4. 取一汤锅，加入600毫升水，以中大火烧开，加入牛肉泥及所有调味料，以小火煮至滚沸，先加入芋泥搅散，再加入芋头丁，再次煮沸后以水淀粉勾芡即可。

237 | 牡蛎吻仔鱼羹

● 材料

牡蛎⋯⋯⋯⋯⋯200克
吻仔鱼⋯⋯⋯⋯100克
地瓜粉⋯⋯⋯⋯80克
翡翠⋯⋯⋯⋯⋯50克
（做法参考P181）
蒜末⋯⋯⋯⋯⋯10克
姜末⋯⋯⋯⋯⋯10克
海鲜高汤⋯⋯800毫升
水淀粉⋯⋯⋯⋯少许

● 调味料

盐⋯⋯⋯⋯⋯⋯1小匙
鸡精⋯⋯⋯⋯1/2小匙
糖⋯⋯⋯⋯⋯1/4小匙
乌醋⋯⋯⋯⋯⋯1小匙
胡椒粉⋯⋯⋯⋯少许
香油⋯⋯⋯⋯⋯少许

● 做法

1. 牡蛎洗净沥干水分后，沾裹上地瓜粉，放入沸水中汆烫至熟后捞出备用。
2. 热一锅，倒入2大匙油，放入蒜末、姜末爆香，再倒入海鲜高汤煮沸，继续放入牡蛎、吻仔鱼、翡翠、盐、鸡精、糖一起煮沸。
3. 以水淀粉勾芡，再加入乌醋、胡椒粉、香油调味即可。

238 | 鲜鱼羹

● 材料

A 鲈鱼肉⋯⋯⋯80克
笋片⋯⋯⋯⋯⋯30克
胡萝卜⋯⋯⋯⋯20克
芦笋（或蔬菜梗）
⋯⋯⋯⋯⋯⋯⋯10克
老豆腐⋯⋯⋯1/2块
鲜香菇⋯⋯⋯⋯3朵
水⋯⋯⋯⋯⋯300毫升
B 淀粉⋯⋯⋯1.5大匙
水⋯⋯⋯⋯⋯2大匙

● 腌料

盐⋯⋯⋯⋯⋯⋯适量
淀粉⋯⋯⋯⋯⋯适量

● 调味料

盐⋯⋯⋯⋯⋯1/2小匙
鸡精⋯⋯⋯⋯1/2小匙
胡椒粉⋯⋯⋯1/4小匙
酒⋯⋯⋯⋯⋯1/2小匙
香油⋯⋯⋯⋯⋯1小匙

● 做法

1. 笋片、胡萝卜、老豆腐、鲜香菇洗净切菱形；芦笋洗净切小丁，备用。
2. 鱼肉切小丁，加入腌料抓匀，备用。
3. 将做法1、做法2的材料汆烫后洗净，备用。
4. 取汤锅，加入300毫升水煮沸，放入做法3的材料及调味料，煮沸后加入预先混匀的材料B，以水淀粉拌匀勾芡即可。

239 | 豆腐鲈鱼羹

● 材料

鲈鱼..................1条
豆腐..................1块
绿竹笋..................1支
胡萝卜..................50克
香菜叶..................少许
淀粉..................2大匙
水..................800毫升

● 腌料

盐..................少许
蛋清..................1/2个
淀粉..................1/2小匙

● 调味料

盐..................1小匙
胡椒粉..................1/2小匙
料酒..................1大匙
香油..................1小匙

● 做法

1. 鲈鱼清理干净后去骨取肉，切成小片，加入所有腌料拌匀并腌约10分钟，放入沸水中汆烫至变色，捞出沥干水分备用。

2. 绿竹笋、胡萝卜均去皮洗净，与豆腐一起切成菱形片，放入沸水中汆烫至变色，捞出沥干水分备用。

3. 淀粉加2大匙水调匀成水淀粉备用。

4. 取一汤锅，加入800毫升水，以中大火烧开，加入做法1、做法2的所有食材及盐、胡椒粉和料酒，以中小火再次煮沸，分次淋入水淀粉勾芡，最后淋上香油、撒上香菜叶即可。

240 | 西湖翡翠羹

● 材料

菠菜⋯⋯⋯⋯⋯200克
火腿⋯⋯⋯⋯⋯⋯1片
蒜头⋯⋯⋯⋯⋯⋯2颗
嫩豆腐⋯⋯⋯⋯1/2盒
吻仔鱼⋯⋯⋯⋯15克
蛋清⋯⋯⋯⋯⋯⋯1个
水淀粉⋯⋯⋯⋯1大匙

● 调味料

白胡椒粉⋯⋯⋯少许
香菇精⋯⋯⋯⋯1小匙
香油⋯⋯⋯⋯⋯1小匙
乌醋⋯⋯⋯⋯⋯1小匙
盐⋯⋯⋯⋯⋯⋯少许
鸡高汤⋯⋯⋯700毫升
（做法参考P16）

● 做法

1. 菠菜洗净改刀，放入搅拌机中打成泥，再过筛并加入蛋清搅拌均匀。
2. 将菠菜泥过筛至油温约180℃的油锅中，炸成颗粒状。
3. 将菠菜颗粒泡入冰水中冰镇，即成翡翠。
4. 火腿、蒜头都切碎，嫩豆腐切成小丁，吻仔鱼洗净备用。
5. 取一个汤锅，加入做法4的所有材料和调味料、鸡高汤，以中火煮约10分钟。
6. 加入翡翠，煮约5分钟，起锅前再加入水淀粉，搅拌均匀即可。

241 | 苋菜银鱼羹

● 材料

苋菜⋯⋯⋯⋯⋯180克
银鱼⋯⋯⋯⋯⋯50克
蒜头⋯⋯⋯⋯⋯3颗
姜⋯⋯⋯⋯⋯5克
辣椒⋯⋯⋯⋯⋯1/3个
黑木耳⋯⋯⋯⋯适量
鱼高汤⋯⋯⋯700毫升
（做法参考P17）
水淀粉⋯⋯⋯⋯2大匙

● 调味料

白胡椒粉⋯⋯⋯少许
柴鱼粉⋯⋯⋯⋯1小匙
香油⋯⋯⋯⋯⋯1小匙
盐⋯⋯⋯⋯⋯少许

● 做法

1. 银鱼洗净沥干；苋菜洗净切段，泡入水中备用。
2. 蒜头、辣椒、姜都洗净切片，黑木耳洗净切丝备用。
3. 取一个汤锅，加入一大匙色拉油，再加入做法2的所有材料，以中火爆香，加入调味料、银鱼以及鱼高汤，以中小火煮约10分钟。
4. 锅中加入苋菜段，以中火继续煮约5分钟，起锅前加入水淀粉勾薄芡即可。

242 | 珍珠黄鱼羹

● 材料

黄鱼⋯⋯⋯⋯⋯1条
甜玉米粒⋯⋯⋯100克
蛋液⋯⋯⋯⋯⋯2大匙
淀粉⋯⋯⋯⋯⋯2.5大匙
水⋯⋯⋯⋯⋯700毫升

● 调味料

盐⋯⋯⋯⋯⋯1/2小匙
料酒⋯⋯⋯⋯⋯1大匙
胡椒粉⋯⋯⋯⋯1/2小匙

● 做法

1. 将黄鱼清理干净，去骨后取肉，切小丁备用。
2. 淀粉加2.5大匙水调匀成水淀粉备用。
3. 热锅淋上料酒后，再加入700毫升水，放入玉米粒及剩余调味料，以中大火煮至沸腾。
4. 加入鱼肉轻轻拌匀并去除浮沫，改小火将水淀粉慢慢倒入并不断搅拌使其均匀浓稠，熄火，慢慢均匀倒入全蛋液，5秒钟再搅散成蛋花即可。

243 | 福州鱼丸羹

● 材料

麻笋丝………… 100克
胡萝卜丝……… 50克
福州鱼丸……… 8颗
海鲜高汤·· 1200毫升
蒜酥……………适量
柴鱼片…………适量
香菜……………适量
水淀粉…………适量

● 调味料

　　香油…………适量
　　乌醋…………适量
A 盐 ………… 1/4小匙
　　味精……… 1/4小匙
　　糖………… 1/4小匙

● 做法

1. 麻笋丝、胡萝卜丝一起汆烫至熟。
2. 取一汤锅，倒入适量海鲜高汤，加入麻笋丝、胡萝卜丝、福州鱼丸及调味料A一起煮沸。
3. 待汤汁滚沸后，放入蒜酥、柴鱼片拌匀。
4. 待汤汁再度微滚时转小火，以边倒入水淀粉边用汤勺搅拌的方式勾琉璃芡。
5. 食用时加入适量香菜，滴入香油、乌醋提味即可。

244 | 白菜蟹肉羹

● 材料

蟹脚肉…………200克
包心白菜………300克
金针菇…………30克
胡萝卜…………15克
蒜末……………10克
姜末……………10克
热水…………350毫升
水淀粉…………适量

● 调味料

盐………………1/2小匙
鸡精……………1/2小匙
细砂糖…………1小匙
乌醋……………1/2大匙
胡椒粉…………少许
香油……………少许

● 做法

1. 将蟹脚肉以沸水汆烫备用。
2. 包心白菜洗净切块；金针菇洗净去蒂；胡萝卜去皮洗净切丝，备用。
3. 取锅，烧热后倒入2大匙油，将蒜末、姜末爆香，再放入包心白菜块、金针菇与胡萝卜丝炒软。
4. 加入热水，再加入蟹脚肉与调味料，煮至汤汁滚沸时，以水淀粉勾芡即可。

245│红烧鳗鱼羹

● 材料
海鳗·············150克
地瓜粉···········100克
胡萝卜丝··········50克
金针菇············30克
干黄花菜··········10克
干香菇·············3朵
柴鱼片·············8克
油蒜酥············10克
蛋液·············2大匙
海鲜高汤··2000毫升
蒜泥·············少许
水淀粉············适量

● 调味料
A 红糟·············1小匙
  白砂糖···········2大匙
  酱油············1/2小匙
B 盐·············1.5小匙
  白砂糖···········1小匙

● 做法
1. 海鳗洗净去骨，切长条，放入碗中，加入调味料A及蛋液拌匀腌约30分钟，均匀沾裹地瓜粉，放入油温约160℃的热油锅中，以小火炸约2分钟后，改大火继续炸约20秒钟成为鳗鱼酥，捞起沥干油备用。

2. 干香菇洗净泡软、切丝，金针菇去蒂洗净，干黄花菜泡软洗净去蒂；将上述材料和胡萝卜丝一起放入沸水中略汆烫至熟，捞起放入盛有海鲜高汤的锅中，以中大火煮至滚沸，加入调味料B、柴鱼片、油蒜酥及鳗鱼酥，以中大火煮至滚沸。

3. 将水淀粉缓缓淋入其中，并一边搅拌至完全淋入，待再次滚沸后盛入碗中，趁热加入少许蒜泥即可。

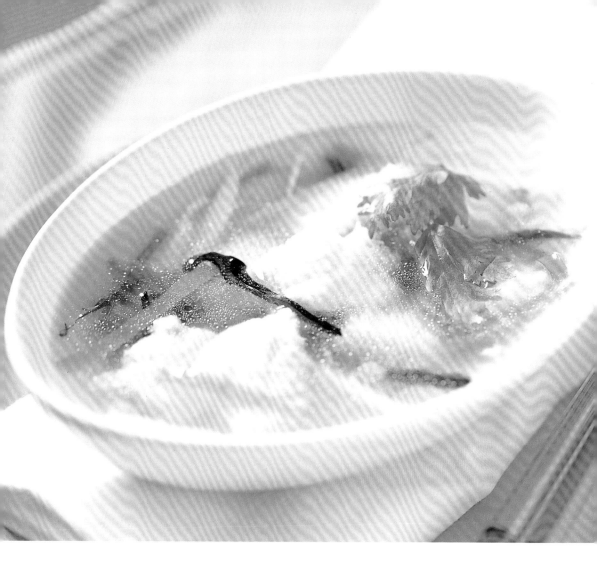

246 | 鳗鱼羹

● 材料

鳗鱼..............300克
绿竹笋丝..........80克
黑木耳丝..........50克
胡萝卜丝..........50克
金针菇............20克
葱末..............10克
蒜末..............10克
海鲜高汤...1200毫升
淀粉..............适量
香菜..............少许

葱段..............少许
姜末..............少许
酱油............1/2大匙
盐................1小匙
淀粉..............2大匙

● 腌料

米酒..............1大匙

● 调味料

A 盐............1/2大匙
  糖..............1大匙
  鸡精............1小匙
B 乌醋............1大匙
  胡椒粉..........1小匙
  香油............1小匙

● 做法

1. 将处理过的鳗鱼洗净,切成3厘米长的条放在容器里,再将米酒、葱段、姜末、酱油和盐加入搅拌均匀,腌约10分钟。

2. 将鳗鱼裹上一层薄薄的淀粉。

3. 取锅加水煮至滚沸后,加入鳗鱼汆烫约2分钟后捞起;将绿竹笋丝、黑木耳丝、胡萝卜丝和金针菇放入锅中烫熟,捞起备用。

4. 热油锅,加入少许油和葱末、蒜末爆香,再加入海鲜高汤、绿竹笋丝、黑木耳丝、胡萝卜丝和金针菇,然后加入调味料A和鳗鱼拌煮约2分钟,再以水淀粉勾芡。

5. 食用前加入调味料B搅拌均匀,并加入香菜作为装饰即可。

247 | 菩提什锦羹

● 材料

素肉·············50克
竹笋·············50克
素火腿···········20克
胡萝卜···········30克
魔芋··············1片
香菜碎············2克
素高汤·······700毫升
（做法参考P20）

白芝麻··········1小匙
水淀粉··········1大匙

● 调味料

白胡椒粉·········少许
香油············1大匙
盐··············少许

● 做法

1. 素肉以冷水泡10分钟至软，捞起沥干切成小丁。
2. 魔芋、素火腿、胡萝卜、竹笋都切成小丁，香菜洗净切碎备用。
3. 取一个汤锅，先加入1大匙香油，再加入素肉，以中火炒香，加入做法2的所有材料、白芝麻和调味料，翻炒均匀。
4. 锅中倒入素高汤，盖上锅盖，以中小火煮约15分钟，起锅前加入水淀粉勾薄芡，并撒上香菜碎即可。

248 | 太极蔬菜羹

● 材料

鸡胸肉··········250克
姜片·············20克
葱段··············1根
蛋清············2大匙
地瓜叶··········150克
淀粉············2大匙

水············800毫升

● 调味料

盐··············1小匙
胡椒粉········1/2小匙
料酒············1大匙
香油············1小匙

● 做法

1. 汤锅倒入800毫升水以大火煮开，放入姜片、葱段及鸡胸肉，改小火继续煮约15分钟后捞出鸡胸肉，待凉切成鸡茸，捞除姜片与葱段，留下汤汁备用。
2. 淀粉加2大匙水调匀成水淀粉备用。
3. 取一半汤汁以大火煮沸，加入洗净的地瓜叶，以大火继续煮约3分钟，捞出过冰水冷却，沥干水分后切细末，重新加入汤汁中，加入一半调味料，以适量水淀粉勾芡后盛出备用。
4. 将剩余的一半汤汁以另一半调味料调味，再以剩余的水淀粉勾芡，加入鸡茸及蛋清煮匀后，盛出备用。
5. 取一阔面汤碗，同时等量倒入做法3和做法4两种羹汤并拉出太极图形即可。

249 | 发菜羹汤

● 材料

发菜·················1把		酱油·············1小匙	
竹笋············100克		香油·············少许	
鲜香菇············2朵		盐···············少许	
里脊肉············50克			

猪骨高汤·····600毫升
香菜碎··········少许

● 调味料

A 鸡精 ············1小匙
　 盐··············少许
　 白胡椒粉········少许
　 柴鱼粉·········1大匙
B 陈醋············1大匙
　 水淀粉·········1大匙

● 腌料

白胡椒粉··········少许
蒜末·············1小匙

● 做法

1. 发菜洗净，在冷水中泡约15分钟备用。
2. 竹笋洗净切成小条；香菇洗净切成片备用。
3. 里脊肉切成小条状，放入腌料中腌约15分钟。
4. 取汤锅，加入1大匙色拉油（材料外），再加入竹笋条和香菇片，以中火爆炒均匀。
5. 加入调味料A、发菜和里脊肉，翻炒均匀。
6. 锅中倒入猪骨高汤，盖上锅盖，以中火煮约10分钟，再加入调味料B，煮至浓稠，最后撒上香菜碎即可。

250 | 发菜豆腐羹

● 材料

黄豆芽··········100克
发菜·············20克
老豆腐···········1块
香菇蒂···········8个
淀粉···········1.5大匙
水·············600毫升
罗勒·············1片

● 调味料

盐·············1/2小匙

● 做法

1. 发菜以水泡至胀发，淘洗干净后沥干水分备用。
2. 老豆腐洗净切细丝备用。
3. 黄豆芽洗净，去除根部；香菇蒂洗净备用。
4. 淀粉加2大匙水调匀成水淀粉备用。
5. 热锅加入1小匙油烧热，加入黄豆芽爆炒至略软，加入600毫升水及香菇蒂，以小火继续煮约30分钟，过滤出汤汁继续烧滚，加入盐与发菜拌匀，待再次滚开后慢慢倒入水淀粉，待汤汁浓稠后再加入豆腐丝煮匀即可。

251 | 发菜鱼羹

● 材料

鲍鱼·············250克
鸡蛋豆腐·········1盒
胡萝卜丁·········50克
蒜末··············5克
蟹味菇丁·········40克
熟笋丁·············40克
豌豆仁·············20克
发菜··············适量
水淀粉············适量
鸡肉高汤···1100毫升

● 腌料

米酒·············1大匙
盐················少许
淀粉··············少许

● 调味料

盐·············1/4小匙
糖·············1/2小匙
柴鱼粉········1/2小匙
酱油··············少许
乌醋··············少许

● 做法

1. 鲍鱼洗净切丁，加入所有腌料腌10分钟；鸡蛋豆腐切丁；发菜泡开，备用。
2. 热一锅，倒入少量香油，放入蒜末爆香，再加入鸡肉高汤煮沸，放入胡萝卜丁、豆腐丁煮约2分钟。
3. 放入蟹味菇丁、豌豆仁、鲍鱼丁及熟笋丁煮熟后，加入所有调味料，再以水淀粉勾芡，放入发菜即可。

252 | 三丝豆腐羹

● 材料

肉丝·············· 50克
胡萝卜丝········ 30克
笋丝············· 30克
老豆腐·········· 1大块
猪骨高汤········ 1大碗
水淀粉·········· 1大匙

● 调味料

盐 ·············1小匙
味精·············1小匙
胡椒粉·········1小匙
香油·············1大匙

● 做法

1. 老豆腐切丝，和其余材料一起以沸水汆烫一下，捞起沥干水分备用。
2. 热油锅，放入猪骨高汤及做法1的所有材料煮开，以盐、味精、胡椒粉调味，再以水淀粉勾薄芡，起锅前滴入香油即可。

253 | 三丝鱼翅羹

● 材料

水发鱼翅········150克
猪瘦肉··········75克
干香菇···········3朵
竹笋············80克
胡萝卜··········适量
葱·············3根
姜·············7片
香菜···········少许
水淀粉·········少许

● 腌料

盐·············少许
胡椒粉··········少许
淀粉···········少许

● 调味料

A 盐 ·········1/2小匙
　鸡精·········1小匙
　料酒·········1小匙
　乌醋·······1.5小匙
　胡椒粉·······少许
B 海鲜高汤1500毫升
　香油·········少许

● 做法

1. 将水发鱼翅加入500毫升海鲜高汤、2根葱、5片姜及料酒，以小火煮约30分钟，捞出沥干汤汁并挑除葱、姜片备用。

2. 干香菇洗净，在水中浸泡至软后切丝；竹笋洗净去壳切丝；胡萝卜去皮洗净切丝；猪瘦肉洗净切丝，加少许盐、胡椒粉及淀粉腌约10分钟。

3. 热锅加入1小匙油，再加入1根葱（切小段）与剩余的姜片爆香后，将葱段、姜片捞掉。

4. 锅中加入1000毫升海鲜高汤、竹笋丝、香菇丝、胡萝卜丝、瘦肉丝及鱼翅后，煮至沸腾。

5. 加入调味料A煮匀后，以水淀粉勾芡，起锅盛碗，淋上香油，并放上香菜即可。

254 | 皮蛋翡翠羹

● 材料

水············1000毫升
皮蛋············1个
吻仔鱼·········1大匙
绿海菜·········少许
枸杞子·········1小匙
水淀粉·········1大匙

● 调味料

胡椒盐·········1小匙
香油··········2毫升

● 做法

1. 皮蛋去壳切丁；绿海菜洗净沥干，备用。

2. 汤锅中加水煮沸，放入吻仔鱼及绿海菜煮约5分钟，以水淀粉勾芡。

3. 将皮蛋丁、枸杞子加入锅中拌匀，再加入胡椒盐及少许香油调味即可。

Tips 好汤有技巧 ··············

这道汤最重要的是最后勾芡的功力，水淀粉不能太浓稠，水与淀粉的比例为 1:1，这样羹汤才会好喝。

STEW SOUP

滋补元气 炖补&煲汤篇

想要补元气、增加免疫力，用喝汤来滋补最简单也最享受，可大部分人都觉得炖补准备起来很麻烦，其实你只要请中药店照着食谱帮你配备相应的材料，再放入汤锅中炖煮就可以了，如果不想看火还可以选择用电锅轻松煲汤。此外，花时间煲煮的港式汤，因为将食材的精华都熬出来了，光喝汤就能补充满满的元气，你也可以尝试。

炖补&煲汤——美味关键

1 火力大小是重点

通常是先以大火、高温慢慢炖煮，尤其是含骨髓的肉类食材，要先用大火将血水、浮沫逼出，以免汤汁混浊，待沸腾后，改为接近炉心的小火，慢慢炖煮。切忌火力忽大忽小，这样易使食材粘锅，破坏整锅的美味。

2 细火慢炖，但也不宜过久

炖补、煲汤虽然是需要长时间以慢火熬煮的料理，但并不是时间越长越好，大多数汤品都以1~2小时为宜，肉类则用2~3小时最能熬煮出新鲜风味，若以叶菜类为主，就不宜煮太久。

3 简单调味增美味

如果喜欢原汁原味，可不调味，若想调味，可在起锅前加些盐提味。不要过早放盐，否则会使肉中所含的水分释出，并加快蛋白质的凝固，影响汤的鲜味。若是喜欢重口味，亦可加入鸡精或香菇精调味；如果是煮鱼，则可以酌量加姜片或米酒去腥。

炖补必备：
香油、米酒、老姜

〔香油〕

　　白香油由白芝麻制作而成，黑香油是由黑芝麻压榨萃取而成，黑香油又称"胡香油"，比较之下，黑香油颜色比白香油更深黑。

　　黑香油常用来滋补、调养、强身，用于制作香油鸡、烧酒鸡、三杯鸡等料理；而白香油则适合作为炒菜、煮汤的佐料；另外还有调味用的香油，是由黑香油和色拉油混合而成，常在烹调料理起锅前，滴上几滴以增加香味及提亮菜色。

〔米酒〕

　　米酒因为可以促进血液循环，让身体暖和，因此炖补汤品中经常用到，此外，米酒还可以去腥提味。一般市面上的米酒分为料酒与米酒，其生产流程相同，区别仅在于料酒添加了食盐。

〔老姜〕

　　姜可分为老姜、中姜及嫩姜，老姜为最底部的部分，又称"姜母"；中姜为中段的部分；而嫩姜即最上头的部位，又名"子姜""紫姜"。每种姜都可依不同做法入菜或入药。姜的应用极广，多半可生吃或是熟食，醋浸、酱渍、盐腌均可，一般是将嫩姜加以腌渍后食用；而老姜则多入药或是用来与补品同炖，老姜比较燥热，可促进血液循环、驱逐体内寒气。

炖补材料轻松前处理

炖补汤品时最让人困扰的就是一堆的食材与中药，总是让人不知道从哪开始处理，也因此让人觉得炖补很复杂。其实可以先将炖补的材料分成三大类，再依各类材料的特性来处理，这样就能迅速轻松地完成炖补的第1步骤！

中药材先清洗

中药材大部分都是经过干燥制成的，因此难免带有少许的灰尘与杂质，其实没有太大的影响，如果想补得更安心，那就将中药材稍微清洗一下，去除这些灰尘与杂质。但是千万别冲洗或是在水中泡太久，以免这些中药材的精华流失。洗好的中药材再稍微沥干一下，将多余的水分去除即可入锅炖煮。如果不想在享用炖补料理时吃到一大堆中药，针对体积较小、细散的中药材，也可以利用药包袋或卤包袋装好入锅，这种袋子有传统的以棉布制成的，可重复使用，也有一次性的。不过也不是所有中药材都适合清洗，有些药材如熟地、山药等，就最好别洗，以免溶解在水中。

肉类先汆烫

因为生肉带有血水与脏污，如果直接下锅会让整锅汤变得浑浊且充满杂质，影响美观与口感。为了避免这种情况，肉类食材尤其是带骨的肉类最好先放入沸水中汆烫，只要烫除血水与脏污，烫到肉的表面变色就可以起锅。再讲究一点，可以放入冷水中再清洗一次。不过若是使用容易熟的肉类，例如鱼肉、没带骨的鸡胸肉，就不适合汆烫过久，因为炖补本来就需要花时间熬煮，若易熟的肉类烫太久，会导致口感干涩难以入口。

五谷杂粮先浸泡

五谷杂粮类要食用的话，记得要先在水中泡至软，再去炖煮，才能吃到绵密入味的口感。而且在浸泡的过程中，也能去除表面一些杂质，且品质不良的杂粮在浸泡的过程中会浮起，此时就可以顺便捞除。不过这些食材要泡透需要的时间不一，有的只要数十分钟，有的可能要花好几个小时，难免会影响料理的时间，所以建议最好在做炖补的前一晚，就将这些五谷杂粮放入清水中浸泡一晚，隔天再来料理。为了享用好口感，这个步骤不能省。

255 | 香油鸡

● 材料

土鸡肉块·······1200克
老姜片···········120克
黑香油···········3大匙
水·············2000毫升

● 调味料

米酒···········500毫升
鸡精·············1小匙

● 做法

1. 土鸡肉块洗净，沥干备用。
2. 热锅，加入黑香油后，再放入老姜片以小火爆香至姜片边缘有些焦干。
3. 放入鸡肉块，以大火翻炒至变色，再加入米酒炒香后，加水以小火煮约30分钟。
4. 加入鸡精略煮匀即可。

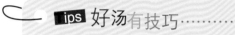

ips 好汤有技巧·····························

　　黑香油对女性而言，是生产后养身的一大补品，也是女人产后坐月子的必需品。因香油属较燥热、易上火之食物，因此感冒、发烧、咳嗽或喉咙发炎者，应避免食用香油制品，否则容易使体内热气更多，造成喉咙更加难受，有紧缩之感。

256 | 烧酒鸡

● 材料

土鸡................ 1/2只
当归................ 5克
黄芪................ 少许
陈皮................ 少许
枸杞子............. 少许
红枣................ 2颗

● 调味料

米酒................ 适量
（足够盖过食材）
盐................... 少许

● 做法

1. 将土鸡洗净后切块，再过水汆烫备用。
2. 取一锅，把所有材料同时放入锅中，将米酒倒入锅中至盖过食材为止，以大火煮开之后，在汤的表面点火并烧至无火，加入盐再转小火炖煮约30分钟至熟烂即可。

ips 好汤有技巧................

米酒燃烧完酒精之后，高汤就会变成甘甜的米香味，不会再有刺激的酒味出现了。

257 | 韩式人参鸡汤

● 材料

童子鸡·················1只
糯米················60克
去壳栗子··········6颗
红枣················4颗
松子················5克
姜末············1/4小匙
蒜末············1/4小匙
鲜人参·············1支
鸡高汤······600毫升
（做法参考P16）

葱花················适量
竹签················1支

● 调味料

盐··············1/4小匙

● 做法

1. 童子鸡洗净去骨，备用。
2. 糯米洗净以水泡约2小时后，捞起沥干；去壳栗子以温水泡约1小时，用牙签挑出残皮，备用。
3. 将糯米、栗子与红枣、松子、姜末、蒜末拌匀后，再加入盐混合拌匀即成馅。
4. 将馅料塞入童子鸡腔内，再塞入鲜人参。
5. 将童子鸡用竹签缝合，放入锅内，再倒入鸡高汤，以小火慢炖约4小时，食用时撒上葱花即可。

Tips 好汤有技巧

此道食谱通常是使用出生一个半月左右的童子鸡制作，也可以用一般小土鸡代替。

258 | 参须红枣鸡汤

● 材料
土鸡·················1只
红枣················10颗
参须··············· 30克
水············600毫升
老姜·················3片

● 调味料
盐···················1小匙
料酒···············1大匙

● 做法
1. 土鸡洗净，放入沸水中汆烫，捞起备用。
2. 红枣、参须洗净备用。
3. 将土鸡、红枣、参须放入电锅内锅中，加入水、老姜片、盐和料酒。
4. 将内锅放入电锅中，外锅加2杯水炖煮，待开关跳起即可。

Tips 好汤有技巧·················
电锅也可以用高压锅代替，用高压锅炖煮出来的鸡肉更软烂，汤味更浓。

259 | 人参红枣鸡汤

● 材料
土鸡腿···········200克
人参须·············6克
红枣·················8颗
水············380毫升
外锅用水···········2杯
（350毫升）

● 调味料
盐···············1/2小匙
米酒···········1/2小匙

● 做法
1. 将土鸡腿洗净剁小块备用。
2. 取一汤锅，加入适量水（分量外）煮至滚沸后，将土鸡块放入其中汆烫约1分钟取出，洗净后再放入电锅内锅中。
3. 将人参须、红枣用清水略冲洗后，和水一起加入内锅中。
4. 电锅外锅加入2杯水，放入电锅内锅，加盖后按下开关，待开关跳起，焖约20分钟，再加入盐及米酒调味即可。

260 | 何首乌鸡汤

● 材料

A 乌鸡肉 ········900克
　水 ········ 2000毫升
B 何首乌 ········ 30克
　川芎 ··········· 15克
　当归 ············· 5克
　黄芪 ··········· 10克
　黑枣 ············· 6颗
　红枣 ············· 6颗
　骨碎补 ········ 20克
　炙甘草 ········ 10克
　熟地 ··········· 15克

● 调味料

盐 ···············适量
鸡精 ···············适量
米酒 ··········300毫升

● 做法

1. 乌鸡肉洗净，放入沸水中略汆烫后，捞起冲水洗干净，沥干备用。

2. 材料B洗净，沥干备用。

3. 取砂锅，放入乌鸡肉、米酒、水和做法2的药材，以大火煮至滚沸。

4. 转小火煮约60分钟，再加入其余调味料煮匀即可。

261 | 药炖乌鸡

● 材料

A 当归 ·············4克
　熟地 ·············4克
　人参片 ·········12克
　红枣 ··········· 20颗
　川芎 ·············4克
　参须 ·············8克
　枸杞子 ·········5克
B 乌鸡 ········1200克
　姜 ·············5片
　水 ··········600毫升

● 调味料

料酒 ··········50毫升
盐 ·············1/2小匙

● 做法

1. 枸杞子洗净泡软沥干；乌鸡去内脏洗净，备用。

2. 将参须塞入乌鸡腹内，备用。

3. 取一砂锅，放入乌鸡、枸杞子和其他材料A，再加入姜片及水、料酒，用砂锅盖或是保鲜膜密封，放入蒸笼中用大火蒸约40分钟后熄火取出，最后加入盐调味即可。

Tips 好汤有技巧··········

如果家中的锅够大的话，建议将整只乌鸡入锅熬煮，这样肉质才能保有原来的香甜，吃起来会更加美味！

262 | 沙参玉竹炖鸡

● **材料**

土鸡块…………600克
玉竹……………60克
沙参……………30克
红枣……………3颗
水………………600毫升

● **调味料**

盐………………1/2小匙

● **做法**

1. 将土鸡块放入沸水中氽烫，洗净后去掉鸡皮备用。
2. 红枣、沙参、玉竹洗净，备用。
3. 将做法1、做法2的材料放入电锅内锅，再加入水和盐，放入电锅中，外锅加2杯水炖煮，待开关跳起即可。

263 | 鲜奶炖鸡汤

● 材料

土鸡·············· 600克
鸡肉高汤·· 1000毫升
鲜奶········· 1000毫升
红枣·············· 5颗
姜片·············· 5克

● 调味料

盐·············· 少许

● 做法

1. 土鸡切成块，放入沸水中汆烫；姜洗净、切片备用。
2. 取一汤锅，倒入鸡肉高汤、鲜奶、土鸡块、红枣及姜片，以大火煮开后转小火煮约2小时，起锅前加入盐调味即可。

Tips 好汤有技巧

熬汤要先以大火来煮，尤其是含骨髓的肉类食材，先以高温将血水、浮末逼出，捞除后再以小火慢熬。火力不要忽大忽小，否则容易让食材粘锅而破坏美味。

264 | 黄芪田七 炖鸡腿

● 材料

鸡腿·············300克
黄芪·············· 20克
田七·············· 10克
枸杞子············5克
干香菇············5朵
水·············1500毫升

● 调味料

盐·············· 少许
米酒·············· 少许

● 做法

1. 鸡腿洗净，放入沸水中汆烫去除血水，捞起以冷水洗净；干香菇洗净泡软后切块，备用。
2. 取一砂锅，放入1500毫升水煮沸后，放入鸡腿，继续以大火煮沸后，转小火煮约30分钟。
3. 将其余材料加入砂锅中，继续煮约1小时，起锅前加入调味料拌匀即可。

265 | 山药枸杞炖乌鸡

● 材料

乌鸡·············· 1/4只
水············ 2000毫升
山药·············· 5克
枸杞子··········· 1大匙
红枣············· 6颗
姜················ 1片

● 调味料

米酒············ 2大匙
盐················ 少许

● 做法

1. 乌鸡切大块，过水汆烫备用。
2. 取一炖盅，加入水、乌鸡块、山药、枸杞子、红枣、姜片、米酒等材料后，在炖盅口封上一层保鲜膜。
3. 放入蒸笼里，以大火蒸约90分钟取出，加盐调味即可。

Tips 好汤有技巧

用蒸煮的方式来制作鸡汤，更能保留鸡汤的原味，更滋补养身。

266 | 烧酒凤爪

● 材料

A 当归·············4克
  川芎·············4克
  黄芪·············12克
  参须·············8克
  甘草·············2片
B 枸杞子···········4克
  鸡爪·············10只
  水············500毫升
  红辣椒丝·······少许

● 调味料

料酒··········50毫升
盐·············1大匙
鸡精···········1小匙
冰糖···········1小匙

● 做法

1. 鸡爪洗净去爪甲，放入沸水中汆烫约5分钟捞起，洗净并将每一只鸡爪对半切开，沥干水分；枸杞子洗净泡软沥干，备用。
2. 取一砂锅，加入水及材料A，以中火煮至水沸后，转小火持续以小滚的状态煮至汤汁约剩2/3，加入鸡爪持续煮约5分钟，再加枸杞子及所有调味料，搅拌均匀后熄火即可。

267 | 姜母鸭

● 材料

鸭肉............1200克
老姜............200克
黑香油............3大匙
水............3000毫升

● 调味料

米酒............300毫升
盐............少许
鸡精............1小匙

● 做法

1. 鸭肉洗净切块，沥干备用。
2. 老姜洗净，拍扁备用。
3. 热锅，加入黑香油后，再放入老姜以小火爆香至微焦。
4. 放入鸭肉块，以大火翻炒至变色，再加入米酒炒香，加水煮沸后，以小火煮约1小时。
5. 加入盐和鸡精煮匀即可。

Tips **好汤有技巧**

选购老姜时，以不皱缩枯姜、不腐烂者为佳。老姜不适合冷藏保存，因为容易使水分流失，若没切过，可直接放在通风处保存。

268 | 当归鸭

● 材料

A
鸭肉·················900克
水·············2500毫升
B
当归·················30克
黄芪·················20克
川芎·················10克
桂枝·················20克
桂皮·················15克

红枣·················8颗
熟地·················1片

● 调味料

米酒·············300毫升
盐·····················少许
鸡精·················少许

● 做法

1. 鸭肉洗净切块，放入沸水中略汆烫后，捞起冲水洗净，沥干备用。
2. 材料B洗净，沥干备用。
3. 取锅，放入鸭肉、做法2的药材、水和米酒，以大火煮至滚沸。
4. 转小火煮约90分钟后，加入盐和鸡精煮匀即可。

269 | 山药薏米鸭汤

● 材料

鸭·····················1/2只
山药·················100克
薏米···················1大匙
老姜···················6片
葱（取葱白）·····2根
水·················1000毫升

● 调味料

盐·····················1小匙
鸡精···············1/2小匙
绍兴酒···············1大匙

● 做法

1. 薏米以水泡约4小时；山药去皮切块，氽烫后过冷水，备用。
2. 鸭剁小块、氽烫洗净，备用。
3. 姜片、葱白用牙签串起，备用。
4. 取电锅内锅，放入所有材料，再加入1000毫升水及调味料。
5. 将内锅放入电锅里，外锅加入1杯水，盖上锅盖、按下开关，煮至开关跳起后，捞除姜片、葱白即可。

270 | 陈皮鸭汤

● 材料

鸭·····················1/2只
陈皮···················3片
老姜···················6片
葱（取葱白）·····2根
水·················1000毫升

● 调味料

盐·····················1小匙
鸡精···············1/2小匙
绍兴酒···············1大匙

● 做法

1. 鸭剁小块、氽烫洗净，备用。
2. 陈皮用水泡至软、削去白膜切小块，备用。
3. 姜片、葱白用牙签串起，备用。
4. 取电锅内锅，放入所有材料，再加入1000毫升水及调味料。
5. 将内锅放入电锅里，外锅加入1杯水，盖上锅盖、按下开关，煮至开关跳起后，捞除姜片、葱白即可。

271 | 药炖排骨

● 材料

A 排骨 ············600克
　水·········1800毫升
B 当归··············10克
　党参·············15克
　黄芪·············15克
　红枣·············10颗
　枸杞子··········10克

● 调味料

米酒············150毫升
盐······················少许

● 做法

1. 排骨洗净，放入沸水中略汆烫后，捞起冲水搓洗干净，沥干备用。
2. 材料B用水略冲洗一下，沥干备用。
3. 取锅，放入排骨、水和做法2的药材后，加入米酒以大火煮至滚沸。
4. 转小火，盖上锅盖煮约80分钟后，加盐煮匀即可。

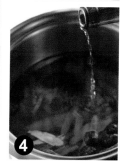

Tips 好汤有技巧

在家煮药炖排骨时，如果觉得要长时间注意炉火较麻烦，也可以将材料都加入电锅内锅中，再放入电锅中炖煮，外锅加入3杯水，煮至开关跳起，再加入调味料拌匀即可；药炖排骨煮至滚沸后，先转小火，再加盖慢慢炖煮，如此一来更容易入味，而且排骨肉也不会煮得太过软烂。

272 | 马来西亚肉骨茶

● 材料

A 排骨 ········· 2000克
水 ········· 4000毫升
B 蒜头 ·········3粒
蘑菇(或冬菇)······ 1罐
油豆腐 ·········10个
C 上海青 ········· 适量
香菜 ········· 适量

黑枣 ·········5颗
甘草 ·········3克
陈皮 ·········2片
桂皮 1 片(长约5厘米)
八角 ·········2颗
罗汉果 ·········1/4个
当归 ·········1片
大茴香 ·········1/2小匙
花椒 ·········1/2小匙
胡椒粒 ·········1/2小匙
桂枝 ·········1/2小匙
甘蔗2根(长约10厘米)

● 调味料

酱油 ·········1/2杯
盐 ·········适量

● 中药材

党参 ·········25克
枸杞子 ·········10克
川芎 ·········5克

● 做法

1. 将中药材中的胡椒粒拍碎，甘蔗拍扁，与其余中药材一起做成药包。

2. 将排骨切成5厘米长的段，汆烫备用；蒜头拍扁，上海青洗净汆烫备用。

3. 将药包、调味料与水放入锅内煮沸，加入排骨段、材料B，转小火熬煮约60分钟至肉软。

4. 食用时再放入上海青及香菜即可。

> Tips 好汤有技巧 ……
> 肉骨茶可分为两种，分别为新加坡式和马来西亚式，两者除了香料不一样，中药的浓厚度也是主要影响口味的地方。

273 | 雪蛤排骨炖香梨

● 材料

排骨⋯⋯⋯⋯⋯300克
罐头雪蛤⋯⋯⋯10克
香梨⋯⋯⋯⋯⋯1个
鲜香菇⋯⋯⋯⋯1朵
姜⋯⋯⋯⋯⋯⋯8克
猪骨高汤⋯⋯600毫升
红枣⋯⋯⋯⋯⋯10颗
枸杞子⋯⋯⋯⋯5克

● 调味料

冰糖⋯⋯⋯⋯⋯1小匙
盐⋯⋯⋯⋯⋯⋯少许

● 做法

1. 排骨切成小块，放入沸水中汆烫，捞起沥干。
2. 梨洗净去皮、去籽，切成大片，备用。
3. 鲜香菇和姜洗净切片备用。
4. 取一个小炖盅，放入排骨、香梨片、红枣、枸杞子和香菇片、姜片，再加入冰糖和盐。
5. 炖盅内加入猪骨高汤，包覆耐热保鲜膜，放入电锅中，外锅加入2杯水，蒸约30分钟。
6. 取出炖盅，加入雪蛤（含汤汁）即可。

274 | 黑枣猪尾汤

● 材料

猪尾⋯⋯⋯⋯⋯300克
黑枣⋯⋯⋯⋯⋯10颗
核桃仁⋯⋯⋯⋯20克
姜片⋯⋯⋯⋯⋯8克
水⋯⋯⋯⋯⋯1500毫升

● 调味料

米酒⋯⋯⋯⋯⋯1大匙
盐⋯⋯⋯⋯⋯⋯少许

● 做法

1. 猪尾洗净，切段，放入沸水中汆烫去血水，捞起以冷水洗净备用。
2. 黑枣、核桃仁以冷水冲洗去除杂质，备用。
3. 取一砂锅，放入猪尾段、1500毫升水，以大火煮沸后，转小火继续煮约1小时。
4. 将姜片、米酒、黑枣、核桃仁放入砂锅中，继续以小火煮约30分钟，起锅前加盐调味即可。

207

275 | 炖尾冬骨

● 材料

A 红枣·············10颗
  枸杞子·············5克
  参须·············8克
B 猪尾冬骨·········1只
  生姜·············5片
  药炖排骨汤汁
  ·············360毫升
  （做法参考P205）

● 调味料

料酒·············100毫升
盐·············1小匙

● 做法

1. 枸杞子洗净泡软沥干，红枣洗净备用。
2. 猪尾冬骨放入沸水中汆烫约5分钟去血水杂质，洗净沥干备用。
3. 取一砂锅，放入猪尾冬骨及药炖排骨汤汁，再加入姜片、红枣、枸杞子及参须并淋上米酒，用砂锅盖或是保鲜膜密封，放入蒸笼用大火蒸约40分钟熄火取出，最后加入盐调味即可。

Tips 好汤有技巧

猪尾冬骨即为猪尾巴连接脊髓骨尾端的部位，通常以整条猪尾椎为单位售卖。如果觉得用整条炖比较麻烦，可以先剁成小块。再来因为猪尾的毛较多，处理上除了请市场服务人员帮你清除干净，也可以回家自己用火烧法来去除毛根，利用铁钳夹着猪尾椎在炉火上稍微过火，如此毛根便会较容易脱落，再放入热水内清洗干净即可，这样清除毛根既方便又省力！

276 | 大黄瓜猪肉汤

● 材料

大黄瓜··········100克
猪肉···············200克
水···············500毫升

● 调味料

盐·····················1小匙

● 做法

1. 将大黄瓜去皮及籽后，洗净切块备用。
2. 猪肉切块放入沸水中汆烫，去血水后捞起备用。
3. 将大黄瓜、猪肉和水放入锅内，以小火煮约30分钟，至猪肉软化后加盐调味即可。

❶

❷

❸

277 | 猪肝艾草汤

● 材料

猪肝··········· 200克
水··········· 1200毫升
姜丝··········· 20克
香菜··············· 少许
淀粉··············· 适量
艾草················· 6克

● 调味料

米酒··········· 1大匙
糖 ··············· 适量
盐··············· 适量

● 做法

1. 将猪肝去除血水后除筋膜，再以流动的清水洗净，切片，加入米酒、淀粉腌抓一下，放入沸水中汆烫一下，即捞起备用。
2. 取一汤锅，加入水煮至滚沸，放入姜丝，以中火煮约3分钟，再放入艾草、盐、糖调味。
3. 加入猪肝稍煮一下即可。

278 | 巴戟杜仲炖牛腱

● 材料
牛腱⋯⋯⋯⋯⋯600克
巴戟天⋯⋯⋯⋯30克
杜仲⋯⋯⋯⋯⋯5片
水⋯⋯⋯⋯⋯800毫升

● 调味料
盐⋯⋯⋯⋯⋯1小匙
米酒⋯⋯⋯⋯3大匙

● 做法
1. 将牛腱切块，放入沸水中汆烫，洗净备用。
2. 巴戟天、杜仲洗净，用水泡30分钟备用。
3. 将做法1、做法2的材料放入电锅内锅中，加入水、米酒和盐调味，外锅加2杯水，煮至开关跳起即可。

279 | 药炖牛肉汤

● 材料

牛肉片·············100克
葱花·················适量
姜·····················5片

● 调味料

药炖排骨汤汁··· 300毫升
（做法参考P205）
料酒·············1/2小匙

● 做法

1. 姜片洗净切丝备用。
2. 牛肉片先洗净血水，再放入沸水中氽烫约3
   分钟，至肉质达到8~9分熟时捞起备用。
3. 将姜丝及牛肉片盛入碗中，倒入加热过的药
   炖排骨汤汁，再撒上葱花、淋上料酒即可。

280 | 杏片蜜枣
瘦肉汤

● 材料

猪后腿窝肉·····150克
老姜片·············15克
葱（取葱白）·····2根
甜杏仁·············1大匙
干百合·············1大匙
蜜枣·················1颗
陈皮·················1片
水·················800毫升

● 调味料

盐·················1/2小匙
鸡精·············1/2小匙
绍兴酒·············1小匙

● 做法

1. 甜杏仁、干百合用水泡约8小时后沥干，备用。
2. 猪后腿窝肉剁小块、氽烫洗净；姜片、葱白
   用牙签串起，备用。
3. 陈皮用水泡至软，除去白膜；蜜枣洗净，备用。
4. 取电锅内锅，放入所有材料，再加入800毫
   升水及调味料。
5. 将内锅放入电锅里，外锅加入1.5杯水，盖
   上锅盖、按下开关，煮至开关跳起后，捞除
   姜片、葱白即可。

281 | 清炖羊肉汤

● 材料

A

羊肉·················700克
白萝卜·············300克
姜片···················20克
水···············2500毫升

B

当归·················10克
枸杞子···············10克

● 调味料

盐·····················1小匙
鸡精···············1/2小匙
米酒·············200毫升

● 做法

1. 羊肉洗净切块，放入沸水中汆烫后，捞出冲水，沥干备用。
2. 材料B略冲水洗净，沥干备用。
3. 白萝卜洗净，去皮切块备用。
4. 取锅，放入羊肉块、做法2的药材、水和米酒，以大火煮至滚沸，转小火煮约50分钟。
5. 加入白萝卜块煮约30分钟，加入其余调味料拌匀即可。

282 | 药膳羊肉汤

● 材料

A
羊肉·············1200克
水·············2200毫升
B
黄芪·············20克
熟地·············15克
当归·············15克
川芎·············15克
姜片·············10克
红枣·············8颗
丁香·············适量
桂皮·············适量

● 调味料

盐·············适量
鸡精·············适量
米酒·············200毫升

● 做法

1. 羊肉洗净切块，放入沸水中汆烫后，捞出冲水，沥干备用。
2. 材料B略冲水洗净，沥干备用。
3. 取砂锅，放入羊肉块、做法2药材材料、水和米酒，以大火煮沸。
4. 转小火煮约90分钟，再加入其余调味料煮匀即可。

283 | 红烧羊肉汤

● 材料

A
羊肉·············900克
姜片·············30克
水·············2500毫升
B
桂皮·············10克
丁香·············3克
花椒·············3克
草果·············1颗

● 调味料

辣豆瓣酱·············2大匙
盐·············1小匙
鸡精·············1/2小匙
冰糖·············1/4小匙
米酒·············150毫升

● 做法

1. 羊肉洗净切块备用。
2. 材料B拍碎，装入棉袋中。
3. 取锅，加入油烧热，放入姜片爆香后，加入辣豆瓣酱炒香，再放入羊肉块炒至变色，最后加入米酒略拌炒。
4. 加水煮至滚沸，再放入药材包，以小火煮约80分钟，再加入调味料煮匀即可。

284 | 药炖鲶鱼汤

● 材料

A 鲶鱼··········1200克
姜片··············15克
水·········2000毫升
罗勒···········少许
姜丝···········少许

B 当归···········25克
参须···········20克
桂枝···········15克
枸杞子·········15克
黄芪···········15克
川芎···········10克
熟地··············1片

● 做法

1. 鲶鱼洗净切大块，放入沸水中略氽烫后，捞起冲水洗净，沥干备用。
2. 材料B洗净，沥干备用。
3. 取锅，放入做法2的药材，加入水和米酒，以大火煮至滚沸。
4. 转小火煮约50分钟，放入鲶鱼块和姜片煮熟后，再加入其余调味料煮匀，放上姜丝和罗勒即可。

● 调味料

盐················适量
鸡精··············适量
米酒··········100毫升

Tips 好汤有技巧

鲶鱼胶质含量多，尤其富含大量胶原蛋清，性质与鳗鱼相似。

285 当归虱目鱼汤

● 材料

虱目鱼	1条
黄芪	30克
川芎	20克
当归	15克
枸杞子	10克
姜片	10克
水	1800毫升

● 调味料

盐	少许
米酒	100毫升

● 做法

1. 虱目鱼洗净，切成5大块；所有中药以冷水冲洗去除杂质，备用。
2. 取一汤锅，放入1800毫升水与除枸杞子外的其余材料，以小火煮约15分钟。
3. 将虱目鱼块放入汤锅中，以小火继续煮约20分钟。
4. 将枸杞子、米酒加入汤锅中，再煮约5分钟，起锅前以盐调味即可。

286 药膳炖鱼汤

● 材料

石斑鱼切段	600克
牛蒡片	200克
红枣	30克
姜片	10克
桂枝	8克
当归	3片
川芎	5片
黄芪	10片
参须	1小束
水	2000毫升

● 调味料

盐	1小匙
米酒	60毫升

● 做法

1. 石斑鱼段放入沸水中余烫，捞出后洗净备用。
2. 取一锅，加入2000毫升水，放入牛蒡片、当归、川芎、桂枝、黄芪、参须，以小火煮约40分钟，使香味全部释放出来。
3. 锅中放入石斑鱼鱼段、红枣、姜片与剩余调味料，盖上保鲜膜，放入蒸笼中，以大火蒸约20分钟，取出即可。

287 | 归芪炖鲜鲤

● 材料

鲜鲤鱼⋯⋯⋯⋯1条
老姜 ⋯⋯⋯⋯50克
当归⋯⋯⋯⋯⋯2片
枸杞子 ⋯⋯⋯30粒
黄芪⋯⋯⋯⋯⋯3片
桂枝⋯⋯⋯⋯⋯2克
红枣 ⋯⋯⋯⋯4颗
人参须⋯⋯⋯⋯1小束

● 调味料

盐⋯⋯⋯⋯⋯1/2大匙
米酒⋯⋯⋯⋯60毫升
水⋯⋯⋯⋯⋯500毫升

● 做法

1. 将鲜鲤鱼去除内脏、鱼鳞、鳃，洗净后放入沸水中氽烫约30秒后捞出，以冷水冲凉洗净，备用。
2. 当归、枸杞子、黄芪、人参须洗净；老姜切片，备用。
3. 将鲤鱼、当归、枸杞子、黄芪、桂枝、红枣、人参须、老姜片和水、盐、米酒全放入汤盅里。
4. 将汤盅盖子盖好，放入蒸笼，以大火蒸约120分钟。
5. 将汤盅从蒸笼中取出，再将炖好的汤盛至碗中即成。

288 | 雪蛤红枣鲷鱼汤

● 材料

鲷鱼·············· 80克
雪蛤·············· 10克
水·············· 600毫升
罗勒·············· 1片
红枣·············· 6颗
姜·············· 1片
牛奶·············· 2大匙

● 调味料

盐·············· 1小匙
米酒·············· 2大匙

● 做法

1. 雪蛤以热水浸泡一夜至胀大后，用水清洗去除掉杂质及黏膜，再用清水漂洗备用。
2. 鲷鱼切片，加入盐腌数分钟备用。
3. 取一汤锅，加入水后以大火煮开，加入雪蛤、鲷鱼片、红枣与姜片，转小火煮20分钟，起锅前加入米酒、牛奶即可。

289 | 鲍鱼炖竹荪

● 材料

鲍鱼·············· 1个
竹荪·············· 10克
水·············· 2000毫升
甘草·············· 1大匙
枸杞子·············· 1小匙
姜·············· 1片

● 调味料

蚝油·············· 2大匙
冰糖·············· 1大匙
米酒·············· 2大匙

● 做法

1. 鲍鱼洗净切片备用；竹荪洗净后，切成约4厘米长的段备用。
2. 取一汤锅，加入水、鲍鱼、甘草、枸杞子、姜及调味料，以大火煮开后，加锅盖转小火煮1.5小时。
3. 加入竹荪继续煮约20分钟即可。

Tips 好汤有技巧··············

鲍鱼有未发的干鲍鱼及罐头包装的，干鲍鱼胀发方法较为繁复，不适合家庭制作，故建议买罐头包装的即可。

290 | 十全素补汤

● 材料

十全中药包·········1包
素羊肉·············300克
素火腿·············200克
热开水·············8杯

● 调味料

盐···············少许
料酒·············1大匙

● 做法

1. 取一汤锅，将十全中药包放入，盖上锅盖，以大火煮沸。
2. 转小火后，加入其他材料及料酒继续煮约15分钟关火，再加盐调味即可。

Tips 好汤有技巧

若觉得照着食谱中的时间煮出来的成品，中药味仍然不够浓，可先将中药包以冷开水浸泡约20分钟，使其味道、颜色渗出后，再全部放入高压锅中炖煮，这样就会较快出味了。另外，十全中药包中的熟地通常已经浸过酒了，所以就不需要再加酒，不然酒味会太浓。

291 | 蔬菜四物汤

● 材料

加味四物汤随身包3包
水·············1500毫升
圆白菜·············50克
香菜·············少许

胡萝卜·············30克
西芹·············20克
上海青·············4片

● 做法

1. 将上海青洗净，圆白菜、西芹、胡萝卜洗净切片备用。
2. 取一汤锅，加入水以大火煮沸。
3. 将3包加味四物汤随身包倒入其中，转小火煮至沸。
4. 将圆白菜、胡萝卜加入其中，以中火煮约2分钟。
5. 加入西芹、上海青煮3分钟，出锅后撒上香菜即可。

292 | 番茄土豆牛肉汤

● 材料

牛腱·················600克
番茄·····················2个
土豆·····················2个
水·············· 2000毫升
姜·····················5片

● 调味料

盐················1/2小匙

● 做法

1. 将牛腱切块，放入沸水中汆烫，洗净备用。
2. 将土豆去皮洗净，番茄洗净，都切成滚刀大块。
3. 将牛腱块和土豆块放入汤锅中，加入水、姜片，以小火煮约1.5小时。
4. 加入番茄块和盐调味，再炖煮约30分钟即可。

Tips 好汤有技巧

无论是牛肉还是猪肉，都要切成适当的大小后再用来煮汤；肉类煮汤前要先放入沸水中汆烫，这个步骤绝不可省略。

293 | 清炖萝卜牛肉汤

● 材料
牛腱…………600克
白萝卜………300克
胡萝卜………100克
水……………2000毫升
姜……………5片

● 调味料
盐……………1/2小匙

● 做法
1. 将牛腱切块，放入沸水中汆烫，洗净备用。
2. 胡萝卜、白萝卜去皮洗净，切成长方体小块，放入沸水中汆烫备用。
3. 将做法1、做法2的材料放入汤锅中，加入水和姜片，以小火煮约3小时，再加盐调味即可。

294 | 萝卜牛腩汤

● 材料

牛腩................300克
白萝卜..............50克
胡萝卜.............50克
水............2000毫升

陈皮...................3克
蜜枣...................1颗
南北杏.............少许

● 调味料

盐.....................少许
米酒...............2大匙

● 做法

1. 牛腩切块，过水汆烫备用；白萝卜、胡萝卜去皮洗净，切滚刀块备用。

2. 取一汤锅，加入水、牛腩、蜜枣、南北杏、陈皮，以大火煮沸后加锅盖，转小火煮约1小时。

3. 加入白萝卜块、胡萝卜块，继续煮约1小时即可。

⟜ **Tips** 好汤有技巧.................

有人认为牛肉有股腥味，而萝卜有去腥的作用，与牛腩同煮最好。

295 | 山药煲牛腱

● 材料

牛腱·············· 250克
山药·············· 5克
陈皮·············· 3克
姜·············· 2片
牛骨高汤··· 2000毫升

● 调味料

盐·············· 少许
米酒·············· 1大匙

● 做法

1. 牛腱切成厚片，过水氽烫备用。
2. 取一砂锅，加入所有材料及调味料，以大火煮开后加锅盖，转小火继续煮约2.5小时即可。

296 | 无花果煲猪腱汤

● 材料

猪腱肉…………300克
无花果干………100克
姜片……………20克
水………………1500毫升

● 调味料

盐………………1小匙

● 做法

1. 将无花果干洗净备用。
2. 猪腱肉放入沸水中余烫至变色，捞出洗净切块备用。
3. 将猪腱肉和无花果干放入砂锅内，加入1500毫升水及姜片，以大火煮开后转小火继续煮约2小时，再加入盐调味即可。
4. 食用时可将猪腱捞出切块，与汤分别品尝。

297 | 蔬果煲排骨

● 材料

排骨……………200克
青木瓜…………200克
洋葱……………150克
苹果……………150克
水………………1600毫升

● 调味料

盐………………少许

● 做法

1. 排骨洗净后，放入沸水中余烫去血水，捞起以冷水冲洗，备用。
2. 洋葱去皮洗净切块；苹果去皮切块；青木瓜去皮、去籽后切块，备用。
3. 取一汤锅，放入1600毫升水，以大火煮沸后，放入排骨，转小火煮约30分钟。
4. 将洋葱块、苹果块、青木瓜块放入汤锅中，以小火再煮约1小时，起锅前加入盐调味即可。

Tips 好汤有技巧

洋葱有增强免疫力、促进肠胃蠕动的效果；苹果和木瓜可以增加饱腹感、促进消化。

298 | 青木瓜黄豆煲猪脚

● 材料

猪脚............300克
青木瓜..........200克
黄豆............100克
陈皮............100克
水............2000毫升

● 调味料

盐..............少许

● 做法

1. 青木瓜去籽洗净切成块；猪脚洗净剁大块放入沸水中氽烫去血水后，以冷水冲洗，备用。

2. 黄豆洗净，以冷水浸泡约5小时备用。

3. 将猪脚放入砂锅中，加入2000毫升水，以大火煮沸后，转小火继续煮约1小时。

4. 将陈皮、青木瓜块与黄豆放入砂锅中，以小火煮约1小时，加入盐调味即可。

299 | 黄豆栗子煲猪脚

● 材料

猪脚·················· 500克
黄豆·················· 30克
山药·················· 3克
枸杞子·············· 1大匙
姜························ 1块
水·············· 2500毫升

栗子·············· 70克
陈皮·············· 3克

● 调味料

盐··················· 少许
米酒·············· 3大匙

● 做法

1. 黄豆用水泡约2小时备用;猪脚洗净剁大块,过水氽烫备用;姜洗净切片备用。
2. 取一汤锅,加入水、米酒、姜片、山药、枸杞子、陈皮与猪脚,以大火煮开后,加锅盖转小火煮约1小时。
3. 加入黄豆及栗子,继续以小火煮约1小时,起锅前加入盐调味即可。

300 | 眉豆红枣猪脚煲

● 材料

猪脚··············300克
眉豆··············100克
陈皮··············10克
老姜··············10克
红枣··············6颗
水··········· 2000毫升

● 调味料

盐···················1小匙
米酒···············1大匙

● 做法

1. 猪脚洗净剁大块放入沸水中氽烫至表面变白后,捞起以冷水冲洗,备用。
2. 眉豆以冷水浸泡约3小时,备用。
3. 取一砂锅,放入猪脚、2000毫升水,以大火煮沸后,转小火再煮约1小时。
4. 将其他材料放入砂锅中,以小火继续煮约1小时后,加入所有调味料拌匀即可。

301 | 番茄薯仔煲牛腱

● 材料

牛腱·············600克
番茄·············200克
土豆·············150克
姜片·············20克
水···········2000毫升

● 调味料

盐·············1小匙

● 做法

1. 土豆洗净去皮、番茄洗净，均切滚刀块备用。

2. 牛腱放入沸水中汆烫至变色，捞出洗净，切成3厘米厚的片备用。

3. 将牛腱肉片、土豆及一半的番茄放入砂锅内，加入2000毫升水及姜片，以大火煮开，转小火继续煮约2.5小时，最后加入剩余番茄，以盐调味，继续煮沸即可。

302 | 药膳煲羊排骨

● 材料

A 羊排骨·········600克
　姜片·············10克
　米酒········500毫升
　水··········1300毫升
　香油···········3大匙
B 黄芪············15克
　当归············10克
　川芎············10克

　陈皮············10克
　枸杞子··········10克
　桂皮·············5克
　肉桂·············5克
　熟地·············1片

● 调味料

　盐··············少许

● 做法

1. 羊排骨洗净，放入沸水中汆烫去除血水，捞起以冷水洗净；所有材料B以冷水冲洗去除杂质后，备用。

2. 热一锅，放入香油、姜片爆香后，放入羊排骨炒香，再加入米酒翻炒至入味。

3. 取一砂锅，将除枸杞子外的材料B全部放入，加入1300毫升水煮至沸腾。

4. 将羊排骨倒入其中，以大火煮沸后转小火煮约1.5小时，再放入枸杞子，加盐调味即可。

Tips 好汤有技巧

羊肉易消化，可温补阳气、健脾益肾、改善冬天手脚冰冷，加上多种中药，此汤很适合作为秋冬滋补、增强抵抗力的汤品。

303 | 干贝莲藕煲棒腿

● 材料

猪棒腿············250克
干贝·················3个
莲藕·············200克
莲子···············50克
姜片···············5克
水············1600毫升

● 调味料

盐·················少许
米酒················少许

● 做法

1. 猪棒腿洗净，放入沸水中氽烫去血水，捞起以冷水洗净，备用。

2. 干贝以米酒泡软；莲藕去皮洗净切片；莲子洗净，备用。

3. 取一砂锅，放入1600毫升水，以大火煮沸后，加入所有材料，转小火煮约1小时，起锅前加盐调味即可。

304 | 猴头菇煲鸡汤

● 材料

土鸡................1/4只
猴头菇...............1个
老姜.................30克
水...............800毫升

● 调味料

盐...............1小匙
米酒...............1大匙

● 做法

1. 土鸡剁小块，放入沸水汆烫约1分钟后，捞出备用。
2. 猴头菇洗净切片；老姜去皮洗净切菱形片，备用。
3. 将做法1、做法2的所有材料、水和盐放入汤锅中，以小火煮约1小时，再加入米酒略焖即可。

305 | 牛蒡萝卜煲瘦肉汤

● 材料

瘦肉................200克
白萝卜...............150克
胡萝卜...............100克
牛蒡................100克
草菇................50克
水...............1500毫升

● 调味料

盐...............少许

● 做法

1. 瘦肉切片，放入沸水中汆烫去血水；牛蒡去皮、切片；白萝卜、胡萝卜洗净去皮后，切成块备用。
2. 取一砂锅，放入1500毫升水，以大火煮沸后，放入全部材料，转小火煮约1小时，起锅前加入盐调味即可。

306 | 甘蔗荸荠煲排骨汤

● 材料

排骨…………300克
甘蔗…………100 克
荸荠……………6个
红枣……………5颗
水…………1500毫升

● 调味料

盐……………少许

● 做法

1. 排骨洗净，放入沸水中汆烫去血水后，以冷水洗净，备用。
2. 荸荠去皮，洗净后切片，备用。
3. 甘蔗切小段后，再切成小块。
4. 取一砂锅，放入排骨、1500毫升水煮沸后转小火，再加入红枣、荸荠、甘蔗块，煮至沸腾。
5. 转小火继续煮约1小时，加入盐调味即可。

Tips 好汤有技巧

此汤以增加体力、清热生津、促进排便的荸荠，搭配舒缓口干舌燥、消化不良症状的甘蔗，很适合在炎热的季节饮用，并且能美肤。

307 | 冬瓜薏米煲鸡汤

● 材料

带皮冬瓜⋯⋯⋯600克
土鸡⋯⋯⋯⋯⋯1/2只
薏米⋯⋯⋯⋯⋯100克
姜片⋯⋯⋯⋯⋯20克
水⋯⋯⋯⋯2000毫升

● 调味料

盐⋯⋯⋯⋯⋯1小匙

● 做法

1. 将冬瓜表皮刷洗干净后，切成5厘米见方的方块。
2. 土鸡剁块，放入沸水中汆烫至变色，捞出洗净备用。
3. 将所有食材放入砂锅内，加入薏米及2000毫升水，以大火煮开后转小火继续煮约2小时，最后以盐调味即可。

308 | 冬瓜薏米炖鸭汤

● 材料

米鸭⋯⋯⋯⋯⋯1/2只
冬瓜⋯⋯⋯⋯⋯300克
老姜⋯⋯⋯⋯⋯50克
薏米⋯⋯⋯⋯⋯1大匙
水⋯⋯⋯⋯1200毫升

● 调味料

盐⋯⋯⋯⋯⋯1小匙

● 做法

1. 米鸭剁小块，放入沸水中汆烫约2分钟，捞出备用。
2. 薏米洗净，在清水中泡约1小时，沥干水分备用。
3. 老姜去皮洗净切片；冬瓜去皮洗净切块，备用。
4. 将薏米、米鸭、姜片及水放入汤锅中，以小火煮约90分钟。
5. 加入冬瓜块继续煮约30分钟，再加入盐调味即可。

309 | 芋头鸭煲

● 材料

米鸭……………1/2只
芋头……………200克
姜片……………20克
水……………1000毫升

● 调味料

盐……………1小匙

● 做法

1. 米鸭剁成小块，放入沸水中汆烫2分钟后，捞出备用。
2. 芋头去皮洗净，切滚刀块备用。
3. 热油锅至油温为160℃，将芋头以小火炸约5分钟至表面酥脆，捞出沥干油备用。
4. 热锅加适量色拉油，放入姜片、鸭肉，用中火略炒。
5. 锅中加入水煮至沸腾后，转小火继续煮约1小时。
6. 加入芋头煮至再次沸腾，放入盐调味即可。

310 | 黑豆桂圆煲乳鸽

● 材料

乳鸽·················· 1只
黑豆·············· 30克
桂圆·············· 10克
金华火腿········· 10克
陈皮················· 3克
姜片·················3片
鸡肉高汤· 2500毫升

● 调味料

盐················ 少许
米酒··········· 3大匙

● 做法

1. 将黑豆以水浸泡备用；乳鸽清除内脏，过水汆烫备用。
2. 取一砂锅，加入所有材料及米酒，以大火煮开后，加锅盖转小火煮约1.5小时，起锅前加入盐调味即可。

311 | 山药豆奶煲

● 材料

山药··············300克
蒜末··············10克
鸡腿···············1个
枸杞子··········少许
无糖豆浆·····800毫升

● 腌料

盐·················少许
糖·················少许
淀粉··············少许
米酒··············1小匙

● 调味料

盐·············1/2小匙
鸡精·········1/2小匙
白胡椒粉·······少许

● 做法

1. 山药去皮洗净切块；枸杞子冲洗干净，备用。
2. 鸡腿洗净、去骨切块，加入所有腌料拌匀，腌约20分钟备用。
3. 热一锅，加入适量色拉油，爆香蒜末，再加入鸡腿块，炒至颜色变白。
4. 锅中加入山药、枸杞子及无糖豆浆，煮至滚沸后加入所有调味料，拌匀煮至入味即可。

SWEET SOUP

甜而不腻 甜汤篇

注重甜味、香味浓郁而不腻的甜汤，是一年四季都少不了的美味，不论冰的、热的都各有其独特风味，如果你爱上这种甜而不腻、百吃不厌的滋味，那甜汤篇绝对是不可错过的单元。

甜汤
美味关键

1 **杂**粮事先挑拣

先将杂粮、豆子中较不完整的颗粒挑掉，因为杂粮豆类如果有损坏，熬煮出来的甜汤可能就会有怪味，有好品质的食材，煮出来的东西才能更加美味可口。

2 **依**照食材调整入锅顺序

甜汤中需要长时间熬煮且不易熟的材料要先入锅煮，较易熟的材料要后入锅。处理材料时，不妨依照煮熟的难易度分类，先将最不易熟的一类事先浸泡后，再入锅煮，然后将其余材料依煮熟的难易程度，在煮的过程中，依序分批放入锅中熬煮。

3 **最**后加糖调味

甜汤的调味方式和咸汤一样，要在食材煮熟后再加糖调味，如果太早调味，锅内的食材可能会无法煮至熟透，进而影响汤品及食材的口感。

熬煮甜汤好锅具

所谓"工欲善其事，必先利其器"，煮甜汤的器具选择也是美味关键之一，下面将为您一一介绍各种锅类有哪些用途和特色，适合用来做哪一类甜汤，不同锅类做出来的甜汤口感有所不同，差异之处在哪里，等等。

高压锅

高压锅最大的优点就是省时、省力以及省钱。它运用密封所产生的高压高温原理，在短时间内将食物煮透煮烂，可为主妇节省耗在厨房的时间，同时也省下不少燃气费，简直是家庭主妇不可或缺的帮手！高压锅因其高压高温，制作出来的甜汤食材绵密细致，令人爱不释口，甚至可以把红豆熬煮成沙质的豆沙。

电锅

电锅几乎是所有家庭必备的电器，它的优点是操作简单、不容易失败，开关会因内锅水分蒸干而自动跳开，完全不需要随时关照火候状况，安全性极佳。对于单身或职业妇女来说，只要一只电锅就能餐餐吃到好味道，而且是无论什么甜汤几乎都可以做成功，即使复杂、不易掌握火候、长时间熬煮的甜汤，例如冰糖莲子汤、银耳红枣桂圆汤、花生汤等也不例外。

砂锅

砂锅是一种传统古老的锅具，它由砂质陶土制作而成，这种特殊材料能够让食材平均受热，且处于长时间保温状态。利用砂锅制作甜汤，靠着细火慢炖，可解决食材无法入味的困扰，让人吃到绵密、浓郁的甜汤，一口接着一口，简直是令人垂涎的美味！那么哪些食材适合用砂锅来烹调呢？颗粒大且坚硬的豆类，例如花生、红豆，或者不易煮烂的紫米等需要花费时间熬煮的食材皆宜。

钢锅

钢锅是家中必备的烹饪器具之一，钢锅的类别繁多，可视家庭需要选择合适的大小。钢锅传热快，相对的散热也快，由于受热不平均，比较适合煮容易煮熟的食材，例如酒酿汤圆、传统甜汤圆等。如果煮较为费时的食材，最好是盖上锅盖焖煮，并不时注意火候，例如地瓜汤等。

选好糖煮糖水

糖是甜汤的灵魂，少了这一味便无法成就甜汤的美妙滋味。糖的用途，除了增加甜味，还可为甜汤增添风味，更为甜汤增色使之更美观。甜汤中最常用的糖有白砂糖、黄糖、红糖、冰糖等，每种糖的特点和口感截然不同，制作甜汤时，你该如何挑选呢？

冰糖

冰糖属于精制糖，杂质少，甜度与白砂糖几乎相同，适合用在讲究无杂质的饮品中，例如咖啡或红茶。由于冰糖与白砂糖的甜度相当，色泽上也几乎无差别，所以两者可互为取代。如果家中没有白砂糖，以冰糖代替，也无损甜汤风味。

白砂糖

白砂糖的杂质低，色泽洁白。为甜汤挑选糖时，可以把握以下原则：想喝清澈甜汤，可使用白砂糖，因为白砂糖杂质少、纯度高、色泽洁白，不会影响甜汤颜色；或者依食材色泽来选择，例如芋头椰汁西米露，因椰汁为淡白色的汤汁，所以选择不会改变汤汁色彩的白砂糖为佳。

糖水制作

黄糖

有蔗糖香味，色泽较黄，甜度与白砂糖类似。黄糖和白砂糖是最常见且最常使用的糖，两者甜度差不多，最大差别在于色泽上的不同。如果甜汤本身需要颜色来增添美观，可选偏黄的黄糖。例如，山粉圆本身带有淡淡的褐色，以黄糖调味就最为适宜。

红糖

口感略呈现蔗糖香味及少许焦糖味，甜度低，不过具有补血功效。甜汤中较少使用红糖，主要是其甜度较低，所需糖量高，其次是其独特的风味容易影响甜汤本身的味道，因此红糖可依个人喜好选择。喜欢焦糖味者，不妨尝试以红糖调味。此外，红糖长时间放置会影响风味。

材料：
砂糖300克
水120毫升
热水300毫升

做法：
1. 把砂糖倒入炒锅中。
2. 加120毫升水。
3. 开小火，用锅铲将砂糖搅拌至变色，至逐渐产生焦化的味道。
4. 倒入300毫升热水搅拌均匀。
5. 加入适量砂糖，增加甜度，此时糖的多少可视个人甜度喜好而添加。

块状红糖

块状红糖为红糖液的浓缩，所以纯度与甜度皆高于红糖。块状红糖风味浓厚，焦糖味亦浓，由于甜度较红糖高，故使用量相较红糖要少。市面上常见的桂圆红枣茶就很适合用红糖调味。

挑选完美的豆子

煮甜汤免不了要加些红豆、绿豆、花生仁等谷物，虽然这些食材在超市都可以买到真空包装的，但是如果知道如何挑选，且在煮甜汤之前再筛选一次，煮出甜汤就会更好喝。

红豆

红豆温润的口感与丰富的营养素，深受女性喜爱。挑选红豆时要注意，以富有光泽、形状饱满、色泽鲜暗红，外观干燥且无怪味者为优等品，若有破裂或潮湿则是较不新鲜的红豆。

绿豆

绿豆是夏季消暑解热的最佳食品。挑选绿豆时，要把发芽腐烂、有斑点、破损或虫咬的剔除，选择颜色全绿、颗粒完整且具光泽者。绿豆搭配薏米食用味道更好，薏米温和的口感可中和绿豆略带干涩的口感。

花生仁

花生仁和一般花生不同，用来煮甜汤，其新鲜度很重要，若选到有霉味的花生仁，则会坏了整锅汤品，所以干燥为美味关键之一。花生仁要挑选色泽呈象牙白者，形状要完整，稍微有点黄色的花生仁都要挑掉，以免坏了一锅美味。

薏米

薏米的种类很多，最常见的是大薏米、小薏米、脱心薏米三种。一般在市面上常见的是大薏米，大薏米中间有一条黑线，类似胚芽，味道较重。若用于制作甜汤，则建议挑选脱心薏米或小薏米，因为脱心薏米味道淡雅，不仅能缩短熬煮时间，且没有大薏米厚重的豆味。

312 | 红豆汤

● 材料

红豆…………200克   水…………3000毫升
黄糖…………170克

● 做法

1. 检查一遍红豆，将破损的红豆挑出，保留完整的红豆。
2. 将挑选出来的红豆清洗干净，以冷水浸泡约2小时。
3. 取一锅，加入可盖过红豆的水量煮沸，再放入红豆汆烫去除涩味，烫约30秒后，捞出沥干。
4. 另取一锅，加入3000毫升水煮开，放入红豆以小火煮约90分钟。
5. 盖上锅盖，以小火继续焖煮约30分钟。
6. 加入黄糖轻轻拌匀，煮至再次滚沸、黄糖融化即可。

①

②

③

Tips **好汤**有技巧

红豆汤好吃的关键在于，红豆要熟透，且豆子又不烂，所以以水浸泡和烫豆这两个步骤千万不能省略，切记至少要用水泡30分钟以上，并用沸水烫豆。

④

⑤

313 | 绿豆薏米汤

● 材料

绿豆……………200克
薏米……………100克
水…………3000毫升

● 调味料

白砂糖…………200克

● 做法

1. 薏米洗净，以水泡约1小时沥干，锅中加入2500毫升水煮沸，放入薏米以小火煮约30分钟，备用。
2. 绿豆清洗干净，无须浸泡，加入可盖过绿豆的水量（分量外）煮沸，再放入绿豆汆烫去除涩味，烫约30秒后，捞出沥干。
3. 另取一锅，放入烫好的绿豆，加入盖过绿豆3厘米高的水量（分量外），以中火煮至水分将干。
4. 将做法3的材料加入做法1的锅内，再加入500毫升水，以大火煮沸后捞除浮皮，继续煮约15分钟，加入白砂糖拌匀，煮至再次滚沸即可。

314 | 绿豆汤

● 材料

绿豆……………300克
水…………3000毫升
柠檬皮丝………少许

● 调味料

白砂糖…………200克

● 做法

1. 绿豆洗净，以冷水浸约30分钟。
2. 将绿豆放入高压锅中，先加入500毫升水以中火煮约10分钟，关火再闷10分钟至熟透。
3. 加入剩下的2500毫升水，以中火煮约15分钟，加入白砂糖搅拌均匀即可。
4. 可依个人喜好添加少许柠檬皮丝，以增加甜汤风味。

315 | 海带绿豆沙

● 材料

绿豆··············120克
海带丝··············20克
米粉··············1大匙
水··············1200毫升

● 调味料

黄糖··············80克

● 做法

1. 将海带丝洗净，沥干水分备用。
2. 将绿豆洗净，在水中浸泡约30分钟，放入汤锅中，再加入水和海带丝以大火煮开，改小火，煮约1小时至熟透。
3. 熄火并捞除浮在表面的绿豆皮，捞出2/3的绿豆和海带丝放入榨汁机中，加入少许绿豆汤搅打成泥，再倒回锅中。
4. 继续以小火煮开，加入黄糖拌煮均匀。
5. 在米粉中加入1.5大匙水搅拌均匀，分次慢慢倒入沸腾的做法4锅中，持续拌匀勾芡至再次沸腾即可。

316 | 绿豆沙牛奶

● 材料

熟绿豆··············150克
牛奶··············500毫升

● 调味料

白砂糖··············100克

● 做法

取一搅拌机，加入熟绿豆、牛奶、白砂糖，一起搅打成泥后，倒出盛碗即可。

317 | 冰糖莲子汤

● 材料
莲子...............200克
水...............1000毫升

● 调味料
冰糖...............75克

● 做法
1. 将全部的莲子放入水中洗净后，再泡入冷水中约1小时至微软。
2. 取电锅内锅，放入沥干泡过的莲子，再加入1000毫升水，加入冰糖。
3. 内锅放至电锅内，外锅加4杯水，煮约2小时即可（冰镇食用风味更佳）。

> **Tips 好汤有技巧**
>
> 莲子营养丰富，不过莲子心口感较差，会有苦涩味。选购莲子时，不妨直接买去心莲子，回家就可立即使用。莲子去心的方法很简单，将莲子在水中浸泡后，用牙签直接从莲子尾端穿过，就可把莲子心剔除掉。

318 | 莲子银耳汤

● 材料
莲子...............150克
银耳...............20克
红枣...............5颗
水...............800毫升

● 调味料
冰糖...............60克

● 做法
1. 莲子洗净，泡入85℃温水中，浸泡约1小时至软，再用牙签挑除中间的莲子心。
2. 银耳以水泡至胀发，去蒂洗净。
3. 将莲子和200毫升的水，放入蒸锅内，以中火蒸约45分钟，至软透后取出。
4. 取一汤锅，加入其余600毫升的水，放入银耳、红枣煮滚，再加入莲子以小火煮约20分钟，加入冰糖拌匀，煮至溶化即可。

319 | 百合莲子汤

320 | 银耳红枣汤

● 材料

新鲜莲子⋯⋯⋯300克
鲜百合⋯⋯⋯⋯1颗
水⋯⋯⋯⋯ 2000毫升

● 调味料

冰糖⋯⋯⋯⋯⋯95克
盐⋯⋯⋯⋯⋯⋯⋯2克

● 做法

1. 新鲜莲子洗争，放入沸水中余烫后捞出备用。
2. 鲜百合剥开后洗净备用。
3. 取一锅，放入水煮至沸腾，放入莲子以小火煮约20分钟，加入百合片继续煮约10分钟，再加入冰糖、盐煮至溶化即可。

● 材料

雪莲子⋯⋯⋯⋯25克
银耳⋯⋯⋯⋯⋯16克
红枣⋯⋯⋯⋯⋯10颗
水⋯⋯⋯⋯ 2000毫升

● 蒸雪莲子材料

水⋯⋯⋯⋯⋯1/2碗
糖⋯⋯⋯⋯⋯⋯少许
盐⋯⋯⋯⋯⋯⋯少许
料酒⋯⋯⋯⋯⋯少许

● 调味料

冰糖⋯⋯⋯⋯⋯100克

● 做法

1. 雪莲子中加入所有蒸雪莲子材料后，放入蒸笼内蒸约20分钟；红枣以水浸泡，备用。
2. 银耳洗净用水泡至软后，撕成小片备用。
3. 取一锅，放入水，加入雪莲子、红枣煮至沸腾，加入银耳片继续煮约15分钟，加入冰糖煮至糖溶化即可。

321 | 芋头甜汤

● **材料**

芋头……………300克
水……………1200毫升

● **调味料**

白砂糖……………80克

● **做法**

1. 芋头去皮洗净、切成滚刀块，备用。
2. 取一锅，加入1200毫升水，再放入芋头块以小火煮约40分钟，至芋头熟透变软。
3. 将白砂糖倒入锅中均匀搅拌，煮至糖溶化且芋头入味即可。

Tips **好汤有技巧**………………………………………

★ **步骤1：清洗**

　　芋头的表皮有很多层，加上芋头属于根部，所以表面会黏附许多泥沙，若没有好好清洗，很容易连泥沙一起下肚。芋头的清洗比较花时间，最好先将表面片状的外皮撕掉，以防止缝隙死角的泥沙清洗不到，同时可以去掉大多的泥沙，之后再冲洗或刷洗干净就行了。

★ **步骤2：戴手套**

　　芋头含有草酸钙结晶，如果接触到皮肤常会导致皮肤发痒和红肿，因此在去皮之前应该戴上手套，防止皮肤与芋头直接接触。如果皮肤容易过敏，最好在清洗前就戴上手套，因为清洗时也会溶出少量的草酸钙，直到芋头被蒸熟之后就不会有问题了，所以在下锅前都要记得戴手套！

★ **步骤3：去皮**

　　芋头的表面并不是很平整，所以不论使用削皮刀或是菜刀去皮都要很小心，戴上手套也可以对手起到一定的保护作用。芋头在去皮之后会有黏液渗出，所以除非马上就要下锅，否则不要太早去皮，避免黏液不小心接触皮肤引起皮肤发痒。

322 | 芋头椰汁西米露

● 材料
西米80克、芋头100克、
椰汁50毫升、水500毫升

● 调味料
白砂糖80克

● 做法
1. 芋头去皮洗净、切成滚刀块，加入500毫升水，以小火煮约40分钟，至芋头熟软。
2. 将白砂糖倒入锅中，用打蛋器搅拌均匀，至糖溶化且芋头成泥，放凉备用。
3. 另取一锅，加入800克水煮沸，接着加入西米煮沸。
4. 转中小火继续煮约10分钟，中途需略搅拌以使西米粒粒分明不沾粘，煮好后捞出，用流动的冷开水冲至完全冷却沥干。
5. 在放凉后的做法2锅中加入椰汁，煮熟的西米即可。

323 | 桂花甜芋泥

● 材料
芋头……………200克
桂花酱………1.5大匙
水淀粉……………适量
水……………600毫升

● 调味料
白砂糖…………1大匙

● 做法
1. 芋头洗净，去皮切薄片，放入蒸锅中以大火蒸至熟软，取出以汤匙压成泥备用。
2. 取一汤锅，加入600毫升水以大火煮开，改中小火分次加入芋泥拌匀，煮匀后加入白砂糖及桂花酱略拌，最后以适量水淀粉勾芡即可。

324 | 地瓜甜汤

● **材料**

黄肉地瓜·········300克
水···············1200毫升

● **调味料**

黄糖···············80克

● **做法**

1. 黄肉地瓜洗净去皮、切滚刀块，备用。
2. 取一锅，加入1200毫升水，再放入黄肉地瓜块，以小火煮约30分钟，至地瓜熟软。
3. 将黄糖倒入锅中均匀搅拌，煮至糖溶化且地瓜入味即可。

Tips 好汤有技巧

刚从市场购买回来的地瓜，记得要放在通风良好的地方，并且要以报纸垫底隔离湿气，如此就可以保存一个星期左右的时间，而且最好在食用前才清洗、去皮、切块，否则会容易溃烂及发芽。

Tips 好汤有技巧

★ **红肉地瓜**

有着红色外皮的红肉地瓜，含水量高，且富含胡萝卜素，煮熟后的果肉颜色呈现鲜艳的橘红色，吃起来口感较为松软，甜度颇高，非常适合鲜食，更是煮稀饭或地瓜汤的第一选择，产季大多集中在秋末冬初。

★ **黄肉地瓜**

黄肉地瓜的外皮有黄色也有红色，含水量适中，胡萝卜素及甜度没有红肉地瓜那么高，但却是用途最广的地瓜品种，吃起来口感Q硬有弹性，耐煮不松散，不但可以直接拿来烹煮，也适合拿来烧烤或制作地瓜酥、蜜糖地瓜、地瓜饼等加工食品，产季大多集中在冬末春初。

★ **紫色地瓜**

紫色地瓜具有非常漂亮的紫色外皮，虽然它常被大家称为芋头地瓜，却跟芋头一点关系都没有，是地地道道的地瓜，而且地瓜与芋头分属不同的科别，是不可能配种的。芋头地瓜的紫色果肉，是由农民们自行改良而来，吃起来口感松软，但香气比其他品种的地瓜要高，而且特殊的颜色也使其更受瞩目。

325 | 地瓜凉汤

● 材料

地瓜粉··········· 100克
淀粉··············· 50克
水············· 2000毫升

● 调味料

黄糖·············· 120克

● 做法

1. 先将地瓜粉和淀粉混合拌匀，加入300毫升冷水调匀成粉浆。
2. 将800毫升水煮开，冲入粉浆内，并快速搅拌均匀至呈透明状，放至一旁待凉凝固，即成地瓜凉粉。
3. 将剩余的水煮开，加入黄糖煮至溶化，放凉备用。
4. 拿一汤匙，将地瓜凉粉切小块，加入黄糖水中即可。

326 | 甜汤圆

● 材料
圆糯米…………300克
食用红色素……少许
水…………2000毫升

● 调味料
黄糖…………150克

● 做法
1. 先将糯米浸泡约3小时，用榨汁机打成米浆，装入面粉袋中，再以脱水机将其脱水变成粿粉团。
2. 将沥干的粿粉团取一小块，放入沸水中煮熟取出；将其余的粿粉团压碎成粉。接着把煮熟的粿粉块捞起，加入一起和匀，若水分不够，可酌量加水，将粉团和至不粘手即可。若喜欢红汤圆，可将一半粉团加入少许红色素继续揉匀。
3. 将粉粿团揉成长条，再分切成小块，直接用手搓成一个个小汤圆即可。
4. 将水煮沸，放入小汤圆，待汤圆浮在水面上后，加入黄糖拌匀即可。

327 | 紫米汤圆

● 材料
紫米…………100克
红白小汤圆……100克
水…………3000毫升

● 调味料
黑糖…………150克

● 做法
1. 紫米用清水洗净后，浸泡约30分钟，使紫米吸部分水，烹煮时易熟。
2. 取一砂锅，加3000毫升水，用大火煮沸，再加入紫米，转为小火，盖上锅盖。
3. 将紫米焖煮约90分钟加入黑糖，搅拌均匀后熄火。
4. 将红白小汤圆放入钢锅中，以中火煮约2分钟后捞出，放入砂锅中，与紫米一起搅拌均匀即可。

328 | 桂圆红糖汤圆

● 材料

花生汤圆············5个
芝麻汤圆············5个
桂圆肉············50克
水············600毫升

● 调味料

红糖············50克

● 做法

1. 桂圆肉洗净沥干。
2. 取汤锅，加入600毫升水，煮约5分钟后，加入红糖煮匀，再加入桂圆肉，即为汤底。
3. 另取锅，加水煮至滚沸，放入花生汤圆和芝麻汤圆，煮至汤圆浮在水面，再略煮至熟、捞出，放入汤底中即可。

329 | 紫米桂圆汤

● 材料

紫米············170克
圆糯米············55克
桂圆肉············40克
水············1500毫升

● 调味料

红糖············90克

● 做法

1. 紫米洗净浸泡6~8小时；圆糯米洗净浸泡约4小时；桂圆肉切小块，备用。
2. 将紫米、圆糯米放入电锅内锅中，再加入1500毫升水，外锅加2杯水（分量外）煮至开关跳起。
3. 将做法2的材料倒入另一汤锅中，再加入桂圆肉块、红糖，煮约10分钟即可。

330 | 酒酿汤圆

● 材料
芝麻汤圆··········10个
酒酿 ···········3大匙
鸡蛋·············2个
水·············800毫升

● 调味料
白砂糖·············30克

● 做法
1. 锅中加入800毫升的水煮开,再加入白砂糖。
2. 放入芝麻汤圆后,以小火煮至汤圆全部浮起。
3. 将酒酿倒入锅中,再转小火煮约1分钟。
4. 将鸡蛋打散成蛋液后,慢慢淋入锅内,所有材料拌煮约1分钟,至蛋花均匀散开即可。

331 | 地瓜芋圆汤

● 材料
地瓜圆··········150克
芋圆·············150克
水············3000毫升

● 调味料
黄糖·············180克

● 做法
1. 将2000毫升水煮至滚沸,加入黄糖搅拌均匀,即为糖水。
2. 另起一锅,将剩下的1000毫升水煮至滚沸,放入地瓜圆和芋圆,以中火煮至地瓜圆和芋圆全部浮在水面再略煮至熟,捞起沥干。
3. 将煮好的地瓜圆、芋圆放入糖水中,拌匀即可。

Tips 好汤有技巧············
要使地瓜圆和芋圆更有味道,可以放入蜂蜜中浸泡一下,风味更佳。

332 | 杏仁茶

● 材料
甜杏仁…………200克
熟花生仁………80克
米粉……………30克
杏仁露…………1大匙
水…………1000毫升

● 调味料
白砂糖…………80克

● 做法
1. 甜杏仁洗净，浸泡10小时后捞起沥干。
2. 取一榨汁机，加入甜杏仁，再加入500毫升水搅打，以细纱布过滤去渣，备用。
3. 将花生仁洗净沥干，加入100毫升水，用榨汁机搅打，备用。
4. 将米粉和50毫升水调匀，备用。
5. 取一锅，加入350毫升水，再加入甜杏仁汁、花生泥煮沸，接着加入白砂糖煮至糖溶化，再用米粉水勾芡拌匀，最后加入杏仁露拌匀即可。

333 | 薏米汤

● 材料
脱心薏米………300克
水…………… 3000毫升

● 调味料
白砂糖…………200克

● 做法
1. 脱心薏米浸泡约1小时，待其软化后沥干。
2. 将脱心薏米放入锅中，加入800毫升水，以中火煮约15分钟，转小火再焖煮15分钟至脱心薏米熟软。
3. 将剩下的2200毫升水倒入锅中继续煮，再加入白砂糖拌匀，转中火煮至汤开即可。

Tips 好汤有技巧

　　水分成两次加入的主要原因：第一次先用少许水将脱心薏米煮到熟软，第二次再加入所需食用的分量。如果第一次就先加入全部的水，不仅浪费烹煮时间，脱心薏米的口感也会受到影响，会较硬且不够软烂。

334 | 白果腐竹炖鸡蛋

● 材料

腐竹……………100克
白果……………50克
白煮鸡蛋…………2个
水………………600毫升

● 调味料

冰糖……………1大匙

● 做法

1. 白煮鸡蛋去壳；白果洗净；腐竹以水泡至软化后，洗净备用。
2. 炖盅加入600毫升水，放入所有食材拌匀，盖上盖子，放入蒸锅中，以中火蒸约1小时。

335 | 雪梨川贝汤

● 材料

银耳……………5克
川贝母……………5克
雪梨……………1个
水………………500毫升

● 调味料

冰糖……………1大匙

● 做法

1. 将银耳以水泡发，拣去根蒂后，用手撕成小片备用；川贝母洗净备用。
2. 将雪梨洗净削皮后，去核去籽，切成小块备用。
3. 取一炖盅，将雪梨块、银耳片、川贝母放入炖盅内，再加入水及冰糖后，在炖盅口上封一层保鲜膜，放入蒸笼中，以中火蒸约1小时取出。

336 | 油条花生汤

● 材料
去膜花生仁·····300克
水············2000毫升
小苏打粉·······1/2小匙
油条·················适量

● 调味料
细砂糖···········100克

● 做法
1. 将去膜花生仁入水煮沸，加入细砂糖调味。
2. 调味后熄火，加入小苏打粉，静置2小时。
3. 食用时搭配油条即可。

Tips 好汤有技巧·············

花生汤看来简单，但要煮得花生仁软烂绵密，入口即化，花生汤才会香浓可口。花生仁要煮烂需要煮数小时，但只要掌握快煮小秘诀，在其中加入小苏打粉，就能轻易将花生仁煮透。

337 | 烧仙草

● 材料
A 仙草干100克、水4000毫升、小苏打1小匙
B 地瓜粉3大匙、水120毫升、细砂糖120克
C 芋圆适量、咸花生仁少许

● 做法
1. 仙草干洗净，加入材料A的水和小苏打，炖煮约2小时。
2. 将仙草渣滤掉，再度煮沸后，加入材料B中混匀的地瓜粉、水和细砂糖拌匀，即为烧仙草。
3. 食用时取适量烧仙草，再放上芋圆和少许咸花生仁即可。

Tips 好汤有技巧·············

虽然有市售的仙草粉，一冲就好，很方便，但还是古法的熬煮仙草干最够味；仙草干最好挑选放置3个月以上的老仙草干，熬煮时可以加入小苏打粉，以缩短煮的时间。

338 | 八宝甜汤

● 材料

A 水⋯⋯⋯5000毫升
　红豆⋯⋯⋯⋯40克
　薏米⋯⋯⋯⋯40克
　绿豆⋯⋯⋯⋯40克
　红枣⋯⋯⋯⋯10颗
　麦片⋯⋯⋯⋯40克
　花生粉⋯⋯⋯适量

B 桂圆肉⋯⋯⋯50克
　芋头丁⋯⋯⋯50克
　鲜莲子⋯⋯⋯50克

● 调味料

细砂糖⋯⋯⋯⋯适量

● 做法

1. 红豆和薏米一起浸泡（分量外）泡约4小时；绿豆和红枣一起浸泡（分量外）泡约2小时，备用。

2. 水煮开后，加入红豆、薏米煮约20分钟，再加入绿豆、红枣煮约20分钟。

3. 加入麦片煮约20分钟，继续加入材料B煮约5分钟。

4. 加入细砂糖调味，食用前撒上花生粉即可。

Tips 好汤有技巧

　　八宝甜汤的特色就在于材料丰富，想吃什么料就加什么料，除了一般的绿豆、红豆、薏米，莲子、红枣、桂圆干都可以放，材料下锅煮时要按照顺序，而且要等材料全部煮熟之后才可以加糖调味，不然材料会不容易煮熟。

339 | 芒果奶露

● 材料

芒果……………2个
米粉…………1.5大匙
鲜奶…………500毫升

● 调味料

白砂糖…………1大匙

● 做法

1. 将芒果洗净去皮，一个果肉搅打成泥，另一个果肉切小丁备用。
2. 将米粉和2大匙水调匀备用。
3. 将鲜奶倒入锅中，以小火煮开，加入白砂糖、芒果泥和芒果块，煮至沸腾后，淋入粘米粉水勾芡煮匀即可。

Tips 好汤有技巧……………
　　芒果泥可以增加甜品的芒果香味，而芒果丁则能让甜品更具口感，因此同时利用芒果泥与芒果丁制作奶露会比单用一种更为美味。

340 | 银耳木瓜奶露

● 材料

木瓜……………50克
银耳……………5克
南北杏…………3克
红枣……………3颗
牛奶………500毫升

● 调味料

冰糖…………1大匙

● 做法

1. 将银耳以水泡发洗净，拣去根蒂后，用手撕成小片备用；木瓜去皮洗净，切块备用。
2. 取一汤锅，加入所有的材料及调味料，以大火煮开后，转小火继续煮约10分钟即可。

图书在版编目（CIP）数据

煲一碗好汤滋补全家 / 生活新实用编辑部编著 . ——
南京：江苏凤凰科学技术出版社，2020.5
ISBN 978-7-5713-0714-1

Ⅰ.①煲… Ⅱ.①生… Ⅲ.①汤菜 – 菜谱 Ⅳ.
① TS972.12

中国版本图书馆 CIP 数据核字 (2020) 第 001295 号

煲一碗好汤滋补全家

编　　　著	生活新实用编辑部	
责 任 编 辑	倪　敏	
责 任 校 对	杜秋宁	
责 任 监 制	方　晨	

出 版 发 行	江苏凤凰科学技术出版社	
出版社地址	南京市湖南路1号A楼，邮编：210009	
出版社网址	http://www.pspress.cn	
印　　　刷	天津丰富彩艺印刷有限公司	

开　　　本	718mm×1 000mm　1/16	
印　　　张	16	
插　　　页	1	
字　　　数	210 000	
版　　　次	2020年5月第1版	
印　　　次	2020年5月第1次印刷	

标 准 书 号	ISBN 978-7-5713-0714-1	
定　　　价	45.00元	